집은 이렇게
짓는 겁니다

집은
이렇게
짓는
겁니다

건축주 학습서

| 주택편 |

윤방원 지음

좋은땅

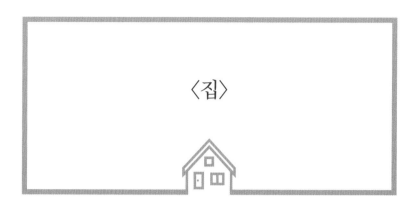

〈집〉

집을 짓는다는 것은 평생에 한 번 있을까 말까 한 큰일입니다. 누군가에겐 평생의 소원이기도 하고 누군가에겐 대부분의 재산을 사용해야 하는 중대한 일이기도 합니다. 그런데 집 짓기는 참 어렵습니다. 인터넷이나 유튜브를 간단히 검색해 봐도 정말일까 싶은 엄청난 얘기들을 어렵지 않게 찾을 수 있습니다. 저에게도 한창 공사를 하시다가 시공회사와 몇 번의 신경전과 고성이 오가고, 급기야 공사가 중단된 후 여기저기 물어봐도 뾰족한 수가 없어 연락 온 분이 계셨습니다.

실제 건축주와 시공자 간에 심한 언쟁이 있어서 공사가 중단되었던 곳의 사진입니다.

칠순의 건축주는 시공자에게 상당한 위협까지 받으시고, 억울함에 며칠을 누워 계시다 연락을 주시며 하셨던 말씀이 비전문가인 자신이 보기에도 기초콘크리트의 균형이 전혀 맞지 않았고 방부목 아래 저렇게 Washer를 넣고 시공하는 것을 도저히 이해할 수 없어 여러 차례 설명을 요구했으나 그 시공자는 "이 동네 집은 이렇게 해서 내가 다 지었다."라는 시공 경험을 내세우며 "옆집에 가서 물어봐라. 아무 문제없다."라는 말로만 일관했다는 것입니다. 시공 방법도 할 말이 많지만 그보다 시공자의 태도가 같은 업계 종사자로서 창피한 일입니다. 우여곡절 끝에 제가 공사를 재개하였고, 사고 없이 공사도 잘 마칠 수 있었습니다.

저런 안타까운 일로 한 곳에서만 연락 온 것도 아닙니다. 수년 동안 제가 중단된 공사를 정리하고 공사를 잘 마무리한 곳이 여러분들의 예상보다 훨씬 많습니다. 물론 우리나라 전체 공사 숫자를 생각한다면 문제가 발생하는 현장의 숫자는 미미한 수준이겠지만, 힘든 일을 겪고 있는

당사자의 고통은 절대 미미하지 않습니다. 이런 안타까운 일들을 볼 때마다 "도대체 무엇이 이렇게 힘들게 할까?"라는 생각을 하곤 합니다.

　그냥 각자 자신이 맡은 일만 잘하면 되는데 왜 이리 어려움을 겪으시는 분들이 많은지, 정말 많은 분들이 우려하는 대로 시공회사의 잘못인 것인지, 다른 원인은 없는 것인지 조금씩 관심을 가지고 문제의 원인을 찾기 시작했습니다. 아는 만큼 보인다는 말이 있듯이 알아 갈수록 문제의 범위는 점점 넓어지기 시작했는데 어쩌면 지금도 새로운 문제들이 생겨나고 있지만 거기에 대비하는 사람이나 법률, 관습 등은 결코 따라갈 수 없는 속도로 움직이고 있다는 생각도 듭니다. 그럼에도 불구하고 현재상황에서,

제가 내린 결론은 〈집〉의 잘못이었습니다.

　건축주, 설계자, 시공자 어느 한 곳의 잘못이 아니라 모두 총체적으로 잘못되어 있는데, 그 출발점이 어쩌면 표기되는 '집'이라는 글자에 속고 있을지도 모른다는 생각이 들었기 때문입니다. 집을 지으려면 집 짓는 준비를 한 후 집을 설계하고 집을 짓는 과정을 거쳐 집이 완성되는데, 이 세 과정에서 공통으로 사용되는 단어가 모두 〈집〉 한 글자입니다. 그러나 〈집〉이라는 글자만 공통으로 들어갈 뿐, 각 과정별로 〈집〉이 가지는 의미와 작업의 주체, 그에 수반되는 일련의 일들은 완전히 다를 뿐 아니라 수반되는 작업이 주인공임에도 주어인 집이라는 단어에만 관심을 가지고 있는 것 같습니다.

집 준비 ▶ 집 설계 ▶ 집 시공
home plan ▶ house plan ▶ housing

영어로 표기하면 똑같이 사용되는 단어가 없습니다. 각 과정마다 home, house, housing으로 표현합니다. 많은 분들이 집이라는 글자에 속아서 집에만 포커스를 맞추어 혼자서 열심히 준비하시지만 사실 집을 짓는 과정은 400m 계주 달리기 같은 일입니다. 건축의 시작을 결정하는 가장 중요한 사람이 발주자이기 때문에 건축주가 가장 먼저 뛰는 선수라고 할 수 있습니다. 첫 주자인 건축주는 구입한 땅, 살고 싶은 집(home plan)을 생각해서 다음 주자인 설계자에게 바톤(baton)을 넘겨주고, 설계자는 그것(home plan)을 받아 설계(house plan)를 잘해서 다음 주자인 시공자에게 바톤을 넘기면, 도면을 받은 시공자는 그대로 성실히 시공(housing)하면 결승선에 도착하게 되고 그러면 자연스럽게 집이 완성되는 것입니다. 계주 경기에서 바톤을 넘기지 않으면 실격패입니다. 각자의 구간을 열심히 준비해야 다음 주자에게 건넬 것이 나오는데, 모두들 결승선(집)에만 관심을 두고 자기가 넘겨주어야 할 바톤에 대해서는 무심하다 보니 두 선수가 바톤을 들고 같이 뛰거나 바톤을 넘기지 않는 선수가 있어 결과적으로는 결승선에서 문제가 발생한다는 것이 제가 내린 결론입니다. 아마도 저와 유사한 생각을 가지신 분들이 home에 대한 중요성을 설명하려다 보니 〈집은 사는 것이 아니라 사는 것이다〉라고 설명하며 buy와 live로 설명하지 않으셨을까 짐작해 봅니다. 하지만 이런 식의 설명은 저처럼 이해력이 떨어지는 사람은 그 의도를 잘 이해하지 못합니다. 이러한 답답한 상황은 누구 한 명, 어느 하나의 문제가 아니라 예전부터 이미 주택 건축 시장에서는 있어 왔던 일입니다. 주자들이 서로 다른 곳으로 달리고 있는 혼란한 상황에 새로운 경기를 시작하려는 건축주들은 바톤을 넘겨줄 다음 주자를 찾지 못하고 있을 뿐아니라 자신이 계주 선수임을 인식하지도 못해 바톤을 준비하지도 않는 상황을 자세히 설명드리고 싶어 6년 전에 강연을 시작하였습니다. 다행히 많은 분들이 저의 설명에 공감하며 응원의 박수를 보내 주셨고 그 응원에 힘을 내어 이렇게 6년간의 강연 핵심 내용을 정리해서 책으로 묶게 되었습니다.

이 책에는 저의 경험을 바탕으로 소규모 주택시장의 현실을 그대로 얘기해 드리고 각 상황 별로 건축주가 힘들어하는 이유를 외부적 요인, 내부적 요인으로 구분하였으며, 가급적 전문용어를 제외하고 이해가 쉽게 설명하였습니다. 보다 나은 집을 짓기 위해 건축주가 미리 공부하고, 준비하여야 할 사항들에 대해 〈꼼꼼히 잘 준비하세요〉처럼 흔하게 듣는 얘기가 아닌 구체적인 사례와 사진 그리고 건축주가 꼭 체크해야만 하는 직접적인 질문들로 구성하였습니다. 책의 내용을 잘 기억하시고 저의 얘기에 귀를 기울이신다면 추후 집을 지으실 때 많은 도움이 되실 거라 확신합니다.

활용도 100% 건축주 준비 항목

정말 도움되는 체크리스트 만드는 법

E 건축시장을 알아야 대비가 가능합니다

건축주가
실수하고 있는 것들

1. House만 준비하는 사람들

직업의 특성상 집을 준비하는 예비 건축주들을 만날 기회가 많은데, 대다수의 분들이 집에 대한 고민은 하지 않고 자신이 무엇을 해야 하는지를 몰라 우왕좌왕만 하시고 있다는 걸 알게 되었습니다. 그분들이 집을 짓기로 마음을 먹으면 집에 대한 고민은 대개 유사합니다.

◆ 뭐부터 준비해야 하나?
◆ 땅은 몇 평을 사야 하나?
◆ 집은 몇 평을 지어야 하나?
◆ 목조주택? 콘크리트주택? 장단점은 뭘까?
◆ 누구에게 지어야 하나?
◆ 설계는 어디로 가야 하나?

대략 이와 유사하거나 같은 고민을 안고 저를 찾아오십니다. 그러다

자료를 찾아 조금씩 주택에 관련된 용어들이 익숙해질 때쯤에는,

◆ 설계는 어찌할까? 방은 3개? 4개?

◆ 몇 층으로?

◆ 지붕은 박공지붕? 모임지붕?

◆ 시스템창호는 미국식? 독일식? 국내브랜드는?

이렇게 조금씩 구체화시켜 가며 건축박람회도 다녀보고, 거기서 만난 건축회사와 상담도 가져 봅니다. 건축관련 책이나 잡지를 이용하기도 하고 자주 가는 블로그나 유튜브 채널을 이용해서 광범위하고 엄청난 양의 자료 중 장단점으로 선별해서 스스로의 기준점을 만들어 나가는 과정에 들어섭니다. 그리고는 토지 구입과 취등록세, 각종 세금과 인허가 비용 등을 체크하고 개괄적인 부대비용을 정리한 후, 자신이 가진 전체 예산에서 건축 예산을 추정해 보시기도 합니다.

토지비용	평당 70만 원×100평=70,000,000
토지 취득세, 등록세	70,000,000×3.4%=2,380,000
토목 설계비	3,000,000
건축 설계비	4,500,000
건축 인허가비	3,000,000
농지전용분담금	공시지가 99,000×30평×30%=2,970,000
건축공사비	평당 6,000,000×30평=180,000,000
기반시설 인입비	전기, 지하수 등 6,000,000
정화조	일반 2,500,000 합병 5,000,000

측량	1,000,000
가구	씽크대, 붙박이장, 신발장 12,300,000
조경	8,000,000
우수관로	3,000,000
건축물 취득세	180,000,000×2%=3,600,000
건축물 등록세	180,000,000×0.8%=1,440,000
교육세(등록세 20%)	1,440,000×20%=288,000
농어촌특별세(취득세 10%)	3,600,000×10%=360,000
합계	306,838,000

※ 이해를 돕기 위한 것으로 세부 금액과 항목은 상이할 수 있습니다.

위의 표처럼 기본적인 조사와 예산이 얼추 정해지면 다시 건축박람회를 찾아다니며, 예산에 맞게 집을 지어 줄 시공사를 찾아 상담하고, 미리 봐 두었던 자재들의 장단점을 눈으로 직접 확인하고 이것저것 물어보기를 반복합니다. 보통 2~4년 전부터 전원주택을 준비하시기에 위의 과정은 몇 개월이면 끝나지만, 1년이 지나도 2년이 지나도 전문가를 만나면 질문할 것이 별로 없습니다. 결국엔 "평당 얼마면 지어요?" "무난하게 지으면 얼마예요?"와 같은 질문입니다.

왜 그럴까요? 나름 꼼꼼하게 잘 준비한 것 같은데 전문가를 만나면 물어볼 것이 별로 없고 무엇인지도 모르는 정보를 알아보겠다는 막연한 마음에 건축박람회만 부지런히 다니거나, 유명 블로그나 까페의 글만 열심히 읽고 있는 모습이 혹시 글을 읽고 계시는 분의 모습은 아니신가요?

2. 돈 내고 시공자가 되려는 사람들

　설계도면을 받아 견적을 받기 위해 여러 시공사를 만나 보면 웬만큼 준비하지 않고는 대화가 어려운 경우가 부지기수입니다. 어려운 말로 사회적 방언이라 불리는 건축용어 때문인데, 특히 우리나라 건축 현장에서는 같은 공구나 자재에 대해서도 일본어, 영어, 순우리말, 표준어, 시공사창조어를 혼용해서 사용하기 때문에 시공자들끼리 대화할 때도 간혹 서로 다른 얘기를 할 때가 있을 정도입니다. 현장의 상황이 이러하다 보니 시공사는 상담 시 무심결에 전문용어로 대화하거나 설명하기가 일쑤이고, 이해를 잘 하지 못한 건축주는 자재 공부에 빠져들기 시작합니다. 가장 흔한 예를 든다면 설계도면에 부연설명 없이 '금속지붕' 혹은 '징크마감'이라고만 적혀 있는 경우가 많은데 이럴 때 다음처럼 간략하게 상담을 해 드립니다.

　〈어떤 징크로 지붕을 하실 건가요? 지붕재로 사용되는 징크의 종류를 간략히 설명드리자면 징크패널, 리얼징크, 알루징크, 오리지널징크, 티

타뉴징크 정도가 있고 여기에 물동이 설치 유무와 스노우 가드 설치 유무를 확인해야 하며 각 자재별, 회사별로 물동이나 선 홈통의 색상이 지붕재와 달라질 수도 있고, 때에 따라서는 지붕재와 부자재가 재료와 색상이 달라질 수 있습니다.〉

제가 무슨 얘기를 하는지 이해를 하셨다면 공부를 많이 하신 분이실 겁니다. 여기다 리얼징크는 무엇인지, 가격은 어떠한지, 각 자재의 장점과 단점은 무엇인지 등등을 설명하다 보면 많은 건축주들은 점점 더 이해가 어렵고 생소한 단어와 자재에 대해 지식이 부족하다고 느끼시고 본격적으로 자재 공부를 시작하십니다. 이렇게 어떤 계기로 인해 자재 공부를 시작하신 분들은 공부를 하시다 보면 자연스레 단열, 결로, 환기, 열관류율, 열교라는 단어를 접하게 되면서 점점 건축공학적인 부분까지 공부하게 됩니다. 여기서 좀 더 공부를 하게 되면 건축공학을 넘어 물리학이나 열역학까지도 접근하시는 분을 만나봤을 정도로 정말 열심히 공부하시는 분들이 많습니다.

아마 이 책을 읽으시는 분들 중 업계 종사자가 아님에도 콘크리트의 모세관현상이나 목재의 수분 함수율, 독일식 창호의 열관류율 수치나 계산방식까지도 알고 계신 분이 계실지도 모르겠습니다. 그분들께 여쭤보고 싶은 게 있습니다.

<누구의 머릿속일까요?>

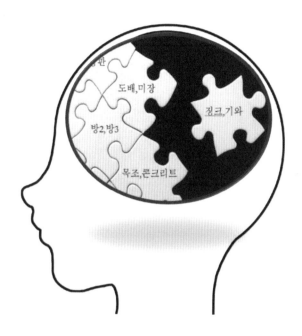

　많은 예비 건축주들이 생각하는 집을 짓는 개념과 내용을 설명한 그림입니다. 아파트에 살 때 방이 3개, 화장실 2개였으니 주택을 지을 때도 3개, 2개로 하고 평면도 비슷하게 정한 후에, 집을 마치 퍼즐처럼 생각하서 하나하나의 퍼즐을 결정하고 결합하면 완성되는 것이라 생각하는 분들이 많습니다. 내부 벽체의 도배지를 고르고 지붕의 징크를 고르고 욕실과 주방의 타일을 고른 후에 이를 결합하면 집이 완성된다고 생각하십니다. 공부해야 하는 자재 퍼즐들이 하나씩 늘어날수록 집 짓기 계획도 완벽해진다고 생각하시는 겁니다.

〈누구의 머릿속일까요?〉

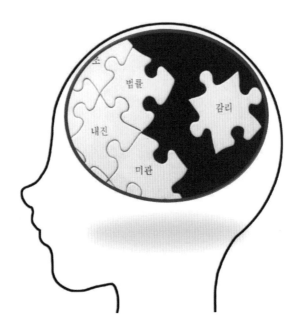

　정답은 건축사(설계사)의 머릿속입니다. 공간의 배치, 건축법규, 미관, 내진, 구조 등을 염두해 두고 최적의 주택을 설계하기 위해 노력하는 위치에 계셔야 하는 분들입니다.

　위에서 이미 건축주와 건축사의 머릿속은 보았습니다. 다음 그림은 제가 꼭 하고 싶은 얘기를 위한 핵심질문입니다.

〈누구의 머릿속일까요?〉

　이러한 생각을 해야 하는 사람이 건축주입니다. 아빠가 서재를 원한다면 어떠한 분위기를 좋아하고 구체적으로 어떤 준비를 해야 하는지, 엄마가 음악감상실을 갖고 싶어 하는지, 자녀의 생활패턴에 맞는 프라이버시한 공간은 잘 계획되었는지 검토하고 결정해야 합니다. 또 가족의 화목한 시간을 위해서 스마트폰을 보지 않고 대화할 환경은 조성되었는지, 무릎이 아픈 어르신들을 위해서 어떠한 배려를 했는지와 같은 생활방식에 대한 검토도 같이 되어야 합니다, 추가로 전망이 좋은데도 2층이 필요한지, 비를 맞지 않고 자가용 이용이 편한지, 그것이 필요한지, 내 친구들이 왔을 때 가족들에게 불편을 주지 않고 편하게 얘기할 수 있

는지 등과 같은 건축공간에 대한을 생각해야 합니다.

　건축은 건축주의 의지(원하는 것)를 바탕으로 건축사가 도면을 그리고 그 완성된 도면을 시공사가 시공하는 것입니다. 건축주가 원하는 것이 없다면 좋은 도면이 나올 수 없고 좋은 도면이 없다면 좋은 시공도 기대하기 어렵습니다. 건축주는 가족들의 로망과 라이프 스타일을 잘 파악하고, 건축사는 이를 반영해 설계 서비스를 제공하고, 시공사는 도면대로 충실히 집을 지으면 건축시장은 아무 문제가 없습니다. 그런데 현실은 건축주는 아내가 원하는 주방의 모양도 모르면서 시공사가 해야 할 자재와 시공에 대한 공부를 하고, 건축사는 건축주의 로망은 관심이 없고 가족의 구성원 숫자나 연령은커녕 현재의 주거 공간에 대해 묻지도 않고 건축주가 그려 온 그림을 캐드로 옮겨 주고 허가절차만 대신해 주는 일이 주업이 되어 버렸습니다. 설계만 얘기하는 것이 아니라 심지어 자신들이 시공도 한다고 얘기하는 설계사무실도 있습니다. 시공사는 한술 더 떠 건축주를 배려한다는 명분으로 자기들에게 집을 지으면 설계는 공짜로 해 주겠다고 합니다. 그간 저의 사회경험을 돌이켜 보면 자신의 전문분야 일을 제대로 하는 사람은 다른 이의 전문분야에 욕심을 내지 않습니다. 건축주는 건축주의 역할, 건축사는 건축사의 역할, 시공사는 시공사의 역할만 잘하면 아무 문제 없습니다. 이렇게 각자의 역할에 대해 길게 설명드리는 이유는, 그 역할을 잘하도록 결정짓는 출발점이 건축주이기 때문입니다. 비용을 지불하는 클라이언트가 건축주의 역할은 하지 않은 채 "알아서 해 주세요."라고 얘기하고 관심은 온통 자재와 저가공사에만 쏠려 있는데 어느 설계자가 클라이언트를 설득해 가며 가족을 위한 공간을 디자인하고 고민하려 할까요? 그러한 설득과 설명,

고민에 대한 대가를 얘기하려 해도 관심은 온통 다른 곳에 가 있는 건축주가 기꺼이 그 비용을 지불할 것이라 기대하고 열심히 공간을 분석하며 설계에 임할 수 있을까요? 사실 복잡하게 고민하지 않고 허가대행 업무만 해 주는 것이 편하고 수입도 나은 편입니다. 시공사도 마찬가지입니다. 자신이 그 일을 계약할지 안 할지도 모르는데 아무것도 적혀 있지 않은 도면을 보고 며칠을 건축주에게 설명하고 이해시키며 공사 예산에 맞게 자재 선정을 도와주거나 올바른 시공 방법에 대해 알려 줄 이유가 없습니다. 표준시공법이 분명 존재함에도 불구하고, 많은 건축주들은 왜 업체마다 가격이 다른지, 이곳은 다른 곳보다 왜 비싼지 이유를 알기 원하고 누군가 자세히 설명해 주길 원하지만, 시공사 입장에서는 일일이 설명해 주는 수고를 하기보다는 자기만의 방식대로 하는 것이 훨씬 편합니다. 만약, 시공사 자신의 스타일로 일하는 것이 아니라면 그냥 건축주가 시키는 대로만 하는 수동적 일 처리가 추후 책임소재를 구분해야 할 일이 생겨도 훨씬 자유롭습니다. '나는 그냥 시키는 대로 했다.' 혹은 '도면에 있는 대로 했다.' 이렇게 편한 말이 있는데 시공자가 적극적으로 자세히 설명해야 할 이유가 없습니다. 건축프로젝트에서 발주자는 리더입니다. 건축주가 건축을 모른다고, 전문지식이 없다고 리더의 역할을 외면하시거나 건축주로서 반드시 해야 할 일을 하지 않고 "알아서 해 주세요."라고 하시면 결국 문제가 발생했을 때 책임도 오롯이 건축주가 짊어지고 가서야 합니다. 그 피해도 모두 건축주의 몫이 됩니다. 자재에 대한 공부나 건축공학에 대한 공부를 하지 말라는 것이 절대 아닙니다. 건축주의 의지 부분에 대한 준비를 명확히 하시고 준비에 맞는 공부를 하셔야 한다는 것입니다. 아직도 "무슨 소리 하세요? 자재에 대해 알아야 결정을 하지?"라고 생각하시는 분이 계시다면 그것은 마치 "여행지를 고르는데 가 보지도 않고 좋은지 어떻게 알아? 우선은 목적지 없이 두루두루 다녀보고 좋은 곳을 결정해야지."라고 하시는 것과 같은 얘기입니다. 이렇게 순서가 바뀐 공부를 하다 보면 이런 일도 생깁니다.

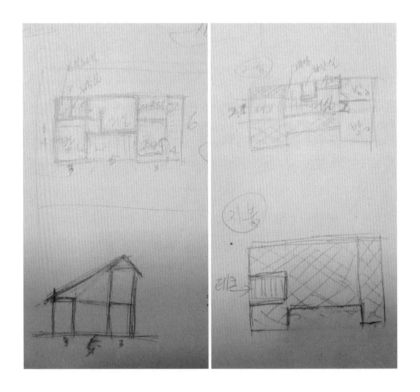

　실제로 있었던 일인데, 위의 스케치를 보내 주시고 제게 견적서를 요청한 분이 계셨습니다. 정확히는 수정할 부분이 있는지 봐 주시고 얼마면 지을 수 있는지 알려 달라고 하셨습니다. 연필로 어설프게 그린 것처럼 보일지 모르지만 저렇게 1, 2층 평면도와 단면도, 지붕도를 그리셨고

단면도 상에 길이와 지붕 모양과 천정의 각도까지 계산하고 그리신 걸로 봐서 집 짓기 공부를 상당히 많이 하신 고수님이 분명합니다. 아마 그분의 판단으로는 흔히 보셨던 부실한 도면은 컴퓨터로 그렸을 뿐이지 자신의 스케치와 다르지 않다고 생각하시고 제게 검토를 요청을 하신 게 아니었나 짐작해 봅니다.

독자님들의 생각에는 견적서 작성이 가능할까요? 수정할 부분에 대한 조언이 가능할까요?

불가능합니다. 질문 주신 분이 민망하지 않게 답해 드릴 수는 있지만, 질문의 의도를 잘 알기에 그분의 기대에 부응하는 답변을 해 드릴 수는 없습니다. 이 사례를 설명드리는 이유도 앞서 설명드린 것과 맥락을 같이합니다. 건축의 대전제와 흐름을 모르기 때문에 정작 중요한 것이 무엇인지를 간과해서 일어나는 일입니다. 그래서 무슨 공부든 기초가 가장 중요하고 맥락을 파악해야 중요한 것을 놓치지 않습니다. 간혹 유명한 건축가들이 TV에서 건축에 대해 인문학적 설명하는 강연을 하는 것을 보면서 현실과 동떨어진 답답한 얘기를 한다고 생각하시는 분들도 계시겠지만, 그분들이 얘기하시는 것도 결국은 기초와 맥입니다. 이제는 공부 순서를 바꾸시길 바랍니다. 온라인에서 자료를 찾지 마시고, 온 가족이 먼저 대화를 나누시길 바랍니다.

3. sweet home은 시장에서 팔지 않는다

상품 구입할 때 구매 결정의 3요소는 〈브랜드〉, 〈디자인〉, 〈가격〉입니다. 당연한 얘기이지만, 이 세 가지 요소가 마케팅 계획의 기본 요소이기도 합니다. 이 3요소의 활용은 건축분야에서도 훌륭히 적용되고 있고 아파트에서는 꽃을 피웠다고 해도 과언이 아닙니다. 아파트에 이 3요소를 적용해 보면,

〈브랜드〉 - 래미안, 푸르지오, 자이, 아이파크 등

〈디자인〉 - 모델하우스에서 직접 확인 가능

〈가격〉 - 분양가 + 대출상담 + 분양권 거래 (One Stop service)

이렇게 누구나 인지하는 시스템이 이미 잘 갖춰져 번성한 덕에 우리나라의 아파트 문화는 이미 세계적으로도 유명합니다. 아파트의 폐해나 우리나라의 공동주택문화 번성의 사회적, 역사적 배경을 떠나 아파트는 많은 이들의 선망의 대상임에 틀림없는 성공한 주거 문화입니다. 전체인구의 90% 정도가 공동주택에 살고 있는 우리나라 사람들은 이렇게 잘 갖춰

진 시스템 덕분에 아파트를 구입할 당시 혹은 지금 이 순간까지도 인지하지 못하였다 하더라도 구매 결정 3요소의 범주에서 벗어나 본 적이 없습니다. 즉, 남이 지어 준 집을 구입만 해 봤지 집을 지어 본 적이 없습니다. 그러다 보니 전원주택 혹은 단독주택을 짓기 위해 준비를 할 때도 무의식중에 아파트 구입 시의 세 가지 기준을 적용하려 하는데 아무리 찾아도 주택 구입의 기준이 되어 주었던 3요소는 찾을 수가 없습니다.

〈브랜드〉- 삼성물산 래미안에서 내 집을 지어 주지 않는 것은 군이 알아보지 않아도 되는 사실입니다. 평범한 내 집을 지어 줄 누구나 알만한 브랜드의 대형 건설회사는 없습니다.

〈디자인〉- 멋진 디자인을 기대하며 설계를 맡겼는데 건축주가 연필로 그린 것 그대로를 CAD로 옮겨 놓기가 일쑤이고, 이해하기도 어려운 선들과 숫자만 기입된 A3 종이를 몇 장 받은 것으로 설계가 끝났다고 합니다. 애초에 설계자와 집에 대한 얘기를 한 것도 없고, 집이 어떻게 생겼는지 이해하지도 못했으니 딱히 수정을 할 것도 없습니다. 드라마나 영화에서 봤던 woodrock으로 제작된 예쁜 미니어처 집의 모형도 기대했지만 그건 정말 드라마 속 남의 얘기인 경우가 대다수입니다.

〈가격〉- 몇몇 시공업체에 도면을 주었으나 견적 제출이 어렵다거나, 제출하기로 했던 날짜를 어기기 일쑤이고 그나마 받은 견적서도 어려운 얘기로 설명합니다. 가격이 차이 나는 것이 왜 그런 것인지도 모르겠는데 싼 업체는 왠지 불안하고 비싼 업체는 폭리를 취하는 것 같아 도무지 판단이 힘든 상황이 대부분입니다. 인터넷을 뒤져 봐도 꼼꼼히 체크하라는 얘기뿐입니다.

이미 집 짓기를 해 본 분이시라면 위의 말에 적극 공감하실 겁니다. 집 짓기는 어찌 생각하면 편하게 살다가 스스로 어려운 길을 가시겠다고 결심하신 것과 같은 것입니다. 아무튼 위의 상황에 직면한 많은 건축주들은 다시 건축박람회를 찾거나 인터넷에게 도움을 요청하게 됩니다. 그러다 건축박람회에 전시되어 있는 집들을 보게 되면 그 반가움은 이루 말할 수 없을 정도입니다. 복잡한 2차원 도면이 아니라 당장 살아도 문제없을 것 같은 실물 크기의 집을 자세히 볼 수 있고, 가격을 물어봐도 어려운 설명 없이 바로 얼마라고 알려 줍니다. 그동안 자신은 무엇을 하고 있었나 하는 생각도 들고 며칠을 고민했던 부분들이 일시에 해소가 되니 많은 분들이 그 집을 계약합니다. 개인적으로는 그 업체들이 참 부럽습니다. 정확히는 모르지만 일 년에 보통 300채 이상의 집을 짓는다고 합니다. 저로서는 엄청난 숫자입니다. 또 시공하는 입장에서 봐도 이쁜 집들이 많이 있습니다. 유행에 잘 맞고 트랜드를 반영한 주방 디자인도 훌륭한 집이 많습니다. 그런데 계약하시기 전에 분명 짚고 넘어가야 할 것이 있습니다. 계약에 조건에 따라 차이가 있을 수는 있지만, 시공사에서 미리 설계해서 만들어 판매하는 집이기 때문에 변경이 어려운 경우가 많습니다. 예를 들어, 방의 크기를 조금 줄이고 싶다든가 계단의 폭을 더 늘이고 싶어도 불가능한 경우가 많아 사전에 확인을 하셔야 합니다. 또 제 개인적으로는 가장 중요한 부분인데, 설계 자체가 저와 제 가족을 위한 것이 아니라는 것입니다. 마치 아파트의 그것처럼 설계가 되어 있어서 내가 집에 맞춰서 살아야 합니다. 가령 저희 부부가 주택을 짓는다면 안방은 잠만 자는 공간이라 침대만 있으면 되지만, 모든 가족이 정돈된 환경을 좋아해서 드레스룸과 펜트리는 필요합니다. 저는 목공실에,

아내는 옷을 만드는 작업실에 주로 생활을 할 예정인데, 목공 작업은 먼지와 소리가 많이 나는 곳이다 보니 다른 공간과의 분리가 확실히 이루어져야 하며, 아내는 구관인형의 옷을 만드는 일을 하고 있어서 재봉틀을 편히 사용하고 옷감을 재단하기 위한 일정 수준 이상의 공간이 필요합니다. 아이는 학생이지만 미술공부를 하고 있어 아내의 공간을 좀 더 크게 만든다면 아이의 화실로 같이 사용이 가능할 것 같습니다. 이렇게 방과 거실보다는 작업실과 주방이 저희 가족의 생활 중심이 될 것 같고, 집을 짓더라도 이러한 부분이 반영된 공간과 구조가 필요한데 이미 만들어 놓고 판매하는 집은 이런 니즈(needs)를 충족할 수 없습니다. 이런 이유로 저희 가족이 건축박람회에서 보았던 이미 만들어 놓은 집을 사야 하는 상황이라면 저는 아파트가 주는 주위 생활의 편리함과 재산적 가치를 포기하고 굳이 집을 지을 이유가 없습니다. 집은 상품이 아닙니다. 구입이 간편한 것이 중요한 것이 아니라 가족의 안전과 행복을 위한 소중한 공간입니다. 나와 내 가족의 라이프 스타일, needs와는 무관하게 그냥 단순히 시골생활이나 맑은 공기, 복잡하지 않은 생활환경을 원한다면 시골에 있는 아파트를 구입하거나 매주 펜션이나 캠핑을 떠나는 것이 훨씬 낫습니다. 기나긴 준비과정도 필요 없고 나쁜 시공업자를 만나 사기를 당하지는 않을까 우려할 필요도 없고 어려운 인허가 과정이나 시공하는 몇 달을 기다릴 필요 없이 그냥 기존의 방법대로 공인중개사를 찾아 시골의 아파트를 사는 것이 정답입니다. 상품의 기준으로 집을 봐서는 안 됩니다. 그래서 Sweet Home이라 부르는 것입니다.

4. 부실시공에 관한 카더라 통신의 실체

집을 짓다가 건축주가 고생(?)하는 경우는 실제 매우 다양한 이유가 있음에도 불구하고 대부분 시공에 대한 불안감을 가장 크게 느끼는 것이 사실입니다. 저도 시공을 하는 사람이지만 완전 공감하는 부분도 있고 안타까운 부분도 있습니다. 옳지 못한 방법으로 과도한 이익만을 추구하거나 전문가가 아님에도 스스로 전문가임을 자부하여 선의의 건축주에게 피해를 주는 경우도 분명 많이 있습니다. 그러나 실제로는 실력을 갖추고 성실하게 일하시는 분들이 그렇지 않은 사람들보다 훨씬 많이 계시지만 그분들은 잘 알려지지 않았다고 생각합니다. 그리고 좋은 결과를 가져온 프로젝트는 널리 알리고 싶어도 마치 광고처럼 인식되는데 반해, 결과가 좋지 않은 프로젝트의 경우는 피해자의 호소글이나 인터뷰를 통해 세상의 관심을 끌기 쉽고 언론이나 SNS 등 여러 경로를 통해 보다 쉽게 퍼지다 보니 더 잘 알려진 경향이 있지 않았을까 짐작해 봅니다. 하지만 이러한 제 생각과 상관없이 실제 피해자가 심심치 않게 나오는 것이 엄연한 현실이고, 그 피해를 회피하거나 불안감을 해소하기 위해서는 그 불안감이 실제 어떤 부분인지를 알아야 대처가 가능합니다. 시공회사에 대한 불안감은 대체로 세 가지 정도로 정리할 수 있는데, 〈공사〉, 〈자재〉, 〈A/S〉가 그것입니다.

〈공사〉 - 공사기간을 잘 지킬 것인지, 도면대로 시공할 실력은 있는지, 시공 완료 후 여러 이유로 하자를 유발하지는 않을지.

〈자재〉 - 약속된 혹은 도면에 기재된 우수한 자재를 사용하는지, 자재의 수량은 정량을 사용하는지.

〈A/S〉 - 집에 문제가 발생했을 때 연락이 두절되거나, 연락이 되더라도 방문을 차일피일 미루지 않을지.

다양한 사례가 있을 수 있지만, 위의 내용이 준비 단계에서는 가장 핵심이 되는 사항이자, 시공회사 선정의 중요 기준이 될 수 있는 부분이기도 합니다. 이러한 문제를 해결하려고 실제 많은 분들이 노력하고 준비하지만 뾰족한 방법이 없는 것도 사실입니다. 많은 상담을 통해 실제 건축주들의 준비 상황을 말씀드리면 아래와 같은 경우가 많습니다.

구분	우려점	조사결과
공사	기간, 실력, 하자	지인 소개, 건축박람회, 온라인
자재	등급, 수량	건축주 현장 상주, 믿고 맡김
A/S	연락두절, 불성실	종건의 경우 보험증권, 구두약속

제가 상담을 통해서 정리해 놓은 것이기에 이것을 일반화시키거나 모든 사례에 대해 적용된다고 볼 수는 없으며 참고용으로 숙지하셨으면 합니다. 각 항목별로 추가 설명을 드리자면 시공사의 실력 부분에 대한 불안감을 해소하기 위해 지인에게 소개를 받거나, 건축박람회에서 상담을 받거나, 온라인을 통해 조사한 업체를 알아보는 방법이 가장 보편적인 방법입니다. 그러나 이러한 방식으로 선정된 시공사들은 현장소장의 능력에 따라 시공품질의 차이가 심한 경우가 많고, 공사책임자와 계약 담당자가 다른 경우에는 막상 공사를 시작하면 계약 담당자와 얘기했던 집과는 다른 방향으로 집이 지어질 수 있는 확률이 있습니다. 자재 부분에 대한 불안감 해소 방법은 건축주가 상주를 하면서 자재 입고 시 거래명세서를 모두 확인하고 등급확인서도 직접 챙기는 것이 가장 확실한 방법입니다. 그러나 현실적으로 쉽지 않고 시공회사에서 건축주가 상주하거나 거래명세서 등을 직접 챙기는 것에 대해 꺼려할 수도 있기 때문에 사전에 시공회사와 협의를 거쳐야 매끄럽게 진행될 부분입니다. 직접 건축주가 확인할 수 없다면 결국은 시공회사를 믿고 맡기는 것 외에는 달리 시원한 해결책이 없습니다. A/S에 대한 불안감도 명확한 해결책이 없기는 마찬가지인데 작은 주택공사를 하면서 많은 비용을 지불해야 하는 종합 건설회사와 계약하는 경우는 없지는 않지만 빈도가 낮기 때문에 종합건설회사에서 발행해 주는 하자이행보증보험증권이나 계약이행보증보험증권도 건축주에게 발급되는 경우는 별로 없기 때문에 계약서에 기재된 하자보증의 의무 문구와 그와 관련된 구두약속을 믿는 것 외에는 해결책이 딱히 없습니다. 안 좋은 예시만 설명드리는 것 같아 마음이 편치 않지만, 현실을 그대로 알려 드려야 대비가 가능하기 때문에 어쩔 수 없음을 너그러이 이해해 주시길 바랍니다. 그리고 현실을 제대로 인지하셔야만 아래 제가 알려 드리는 대응방안보다 더 좋은 방법을 찾으실 수 있습니다.

우려점	조사결과	대응방안
기간, 실력, 하자	지인 소개, 건축박람회, 온라인	-정확한 설계도면 -공사대금 분할지급 계약서
등급, 수량	건축주 현장 상주, 믿고 맡김	-시공일지 작성 요청 -거래명세서 보관 요청
연락두절, 불성실	종건의 경우 보험증권, 구두약속	-예전 건축주 미팅 -방수보증서 등 자료 요청

대응방안에 대해서도 설명을 드리자면, 건축주는 반드시 정확한 설계도면을 준비해야 합니다. 시공사의 실력을 검증할 수 있는 가장 좋은 방법은 그 업체가 설계도면을 해석하는 능력에 있다고 해도 과언이 아니기 때문입니다. 많은 분들이 오해하시는 것 중 하나가 시공자들은 도면만 봐도 모두 알 것이라고 생각하시는 것입니다. 도면의 수치나 시공 방법 등은 물론 대부분 알고 있지만, 도면을 보고 설계자와 건축주의 의도까지는 알 수 없는 경우가 대부분이고, 까다로운 부위의 시공법은 자세한 내용이 기재되어 있지 않은 경우가 더 많아서 시공자와 설계자(때론 건축주까지도)의 대화가 필요합니다. 충실한 설계도면이 필요한 이유는 또 있습니다. 원만히 대화로 분쟁이 해결되지 않을 경우 재판까지 가기도 하는데 이럴 경우 계약서 못지 않게 중요한 것이 설계도면입니다. 왜냐하면 계약서의 문구 하나하나를 법정에서 다툴 수는 있지만, 결국 건축 계약서의 가장 중요한 내용은 언제까지

도면대로 시공을 하겠다는 것이고 계약서 내용 중 법률적으로 원고와 피고가 주장하는 상당 부분이 설계도면을 기준으로 충실히 이행하였는지 재판정에 가서 판사님께 판결을 바라는 것이라 설계도면이 그만큼 큰 기준이 되는 것입니다. 이렇게 중요한 사안임에도 불구하고 설계도면에 애매한 문구, 예를 들어 〈건축주지정타일〉, 〈고급벽지〉와 같이 협의한 당사자가 아니면 실체를 알 수 없는 단어들로 가득한 도면을 가지고 공사를 시작했는데 계약서에 마저 그 실체를 정확히 기재하지 않았다면 솔로몬이 온다고 하더라도 양측의 주장만 듣고 판결을 내리기가 어려울 수밖에 없습니다. 부실한 도면은 부실한 시공의 출발점이 될 확률이 높고, 부실한 도면은 부실한 계약서의 밑거름이 될 수 있습니다. 그렇지만 위에서 설명드렸던 공사대금 분할지급을 잘 이용하시면 분쟁이 있다 하더라도 금전적 손해는 최소화할 기회가 있고 시공회사에 끌려 다니는 상황을 줄여 줄 확률이 높으니 반드시 적극 활용하시기 바랍니다.

　시공일지 작성을 시공회사에게 요청하는 것은 추가적인 비용을 요구할 수도 있는 사항입니다. 그러나 현장에 상주하지 못하고 직장을 다녀야 한다거나 사업으로 바쁘신 분들이 불안감을 해소하시는 데는 도움이 될 수 있습니다. 무료로 시공회사에서 진행을 해 준다 하더라도 건축주가 원하는 양식으로 가능한지, 시공일지의 공유 방법과 작성 주기는 어떻게 할 것인지에 대해서도 심도 있는 논의가 필요한 부분입니다.

위 사진은 실제 활용되고 있는 시공일지입니다. 공사를 시작하기 전

현장답사 때부터 부지의 사진을 촬영할 뿐만 아니라 각 공정마다 매일 사진을 남기고 사진마다 이해하기 쉽게 설명을 남깁니다. 기초공사의 철근, 배근 상황이나 방문을 고르시거나 중문을 고르셨을 때도 근거 자료를 남기고, 내부 부자재도 어떠한 걸 사용하고 어떻게 시공했는지 오늘은 무엇을 했는지 모두 기록해서 공사가 끝나면 한 권의 책으로 기록을 남길 수 있습니다.

만약 시공회사에게 시공일지를 요구했을 때 시공회사에서 비용 요구가 과도하다거나 시공일지의 공유 방법이나 작성법 등의 협의가 원만하지 않을 때는 카카오톡이나 문자 메시지 등을 이용해서라도 그날그날의 일정에 대해 기록을 남겨 두시는 것을 추천드립니다. 자재 납품확인서도 사용승인(준공)을 위한 필수서류는 별도로 얘기하지 않아도 시공회사에서 공사비 정산 후 건축사사무실이나 건축주에게 제출하는 것이 보통이지만, 사용승인 필수서류 외의 나머지 납품확인서는 폐기되는 것이 다반사입니다. 철근납품서와 레미콘 시험성적서나 보일러 제품번호와 각 방 컨트롤러 제품번호 등은 챙겨 두시면 나중에 편리합니다.

A/S에 관련해서는 시공사의 예전 건축주를 만나 직접 확인하는 것이 가장 좋은 방법입니다. 이 방법은 비단, A/S뿐 아니라 시공사의 신뢰도 전반에 대해 확인하는 데도 상당히 도움이 되는 방법인데, 이 방법을 통해 검증을 한다 하여도 사람이 하는 일이라 case by case로 다를 수 있음도 인지하셔야 합니다. 특히 같은 회사와 계약한 경우에도 현장별로 배정받은 현장책임자의 능력과 각 공정별 작업자의 기술 숙련도에 따라 시공 품질이 달라질 수도 있습니다. 하자의 구체적 사례로는 구조적 하

자와 시공 하자로 구분할 수 있는데, 구조적 하자란 설계도대로 충실히 시공했음에도 불구하고 발생할 수 있는 하자를 의미합니다. 예를 들어, 지붕의 각도가 아주 얕게 설계된 주택을 도면대로 시공하였음에도 불구하고 강풍이 불고 폭우가 많이 오는 날 바람에 의해 용마루 벤트(vent)로 물이 역류해서 내부로 비가 새는 경우는 구조적 하자라 생각할 수 있습니다. 시공상의 하자는 흔히 얘기하는 2층 화장실 바닥으로 물이 샌다거나 하는 행위를 말합니다. 사실, 하자는 건축주보다 시공자가 더 싫어합니다. 간단한 수리라 하더라도 2인 1조로 작업을 하는 것이 보통이고, 만일 이동 거리가 멀어 1박까지 해야 한다면 왕복 시간과 숙식비, 작업자 인건비만 순수 계산해도 그 비용만도 100만 원 이상 소요되고, 만일 A/S를 하러 가야 하는 시기에 다른 현장에 일이라도 있다면 그 현장의 손해까지 계산하면 시공사의 손실은 더욱 커지기 때문에 시공회사가 하자를 더 싫어하는 것입니다. 하자의 빈도는 곰팡이와 방수 부분이 가장 높은 확률을 차지합니다. 콘크리트 주택의 경우 습식공법으로 집을 짓기 때문에 양생 중 습기로 인한 곰팡이의 발생 빈도가 높고, 목조주택의 경우 목재의 잦은 수축과 팽창의 의해 방수층이 깨져서 누수의 하자가 높은 편입니다. 하자 발생 시 생활에 가장 큰 불편함을 주는 방수공사는 공법에 따라 시공회사에서 직접 하는 경우도 있고 방수전문업체에 외주를 주는 경우도 있는데, 전문업체별로 하자책임보증서를 발급해 주는 곳도 있으니 만약 보증서를 발급 받으신다면 꼭 챙겨 두시는 것이 좋습니다. 시스템창호 설치도 시공회사 설치와 제조업체 설치로 구분되는데 이중창이나 미국식 시스템창호는 시공회사에서 설치하는 비율이 높고, 기밀 시공이 필요한 독일식 시스템 창호의 경우 제조사 설치팀이 시공하는 것이 일반적입니다. 창호 설치 후 별도의 보증서를 지급하는 경우는 드물지만 창호 프레임과 제조사 로고 스티커 등으로 제조사를 쉽게 구별이 가능하기에 A/S를 받는 것은 어렵지 않으며, 지역별로 A/S팀과 최초 설치팀이 다른 경우도 있어서 최초 설치팀의 연락처를 받아 놓으시면 추후 시공사와 문제가 있어 연락이 불편할 경우에도 원활하게 A/S를 받으시는 데 불편함이 없습니다. 제가 추천드리는 방법을 응용하셔서 각자의 현장상황과 시공사와 협의한 내용에 맞게 활용하시면 불안감을 최소화하시는 데 도움이 되실 겁니다.

건축시장의 현실과 건축주의 오해에 대한 내용은 이렇게 마무리합니다. 집 짓기가 어려운 것도 사실이고 복잡한 것도 사실이지만 주택건축 시장의 환경과 현상을 정확히 알고 항목별로 계획적으로 대비하신다면 실마리를 잡으실 수 있을 겁니다. 이러한 고난의 길을 지나 집을 완성하고 나면, 집 짓기만큼 만족도가 높은 프로젝트가 없다 해도 과언이 아닙니다.

제2장의 내용은 많은 분들이 어렵게 느끼시는 집 짓기에 실질적인 도움을 드리는 내용입니다. 구체적으로 알려 드리고 싶은 마음에 6년 전 강연을 시작해 지금까지도 정기적으로 하고 있으며, 이렇게 책을 쓰는 이유도 막연히 〈꼼꼼히 준비하세요〉라든가 〈전략적으로 접근하면 실패하지 않는다〉같은 애매한 문구들 때문이었습니다. 사람이 하는 일이다 보니 정답이 있을 수 없고, 집집마다 case by case로 달라서 일반화된 논리로 모두 설명할 수 없다는 것도 잘 알지만 그래도 〈꼼꼼히〉 하라는 것이 어떻게 하라는 것인지 〈전략적〉이라는 것이 어떤 전략인지는 아무도

알려 주지 않는 현실에 답답함을 느꼈기 때문에 최대한 현장의 흐름과 사실적인 방법을 알려 드리려고 노력하고 있습니다. 지금도 여러 참고 자료들은 마치 입시전문가에게 "좋은 대학을 가려면 어떻게 해야 하나요?"라고 물었을 때 "교과서를 중심으로 열심히 공부하시면 됩니다."라고 답변을 들은 듯한 기분이 들게 하는 설명을 하거나, 예비 건축주들에게 필요한 내용이 아닌 자사 홍보나 제품 홍보로 소중한 시간을 낭비하게 하는 정보들이 넘쳐나는 현실은 별로 변하지 않은 것 같아 안타깝습니다. 이에 다음 파트에서는 예비 건축주들이 구체적으로 어떤 항목을 어떻게 준비를 하여야 실질적으로 계획을 세우는 데 가닥을 잡을 수 있는지에 대해 설명드리려 합니다.

집은 이렇게
짓는 겁니다

우선 항목별로 구체적인 설명을 드리기 전에 기존에 가지셨던 집 짓기에 대한 고정관념을 모두 버려 주시기 바랍니다. 우리나라뿐만 아니라 세계적으로도 유명한 등반가인 엄홍길 님의 등산학교를 가면 걷기 교육부터 시킨다고 합니다. 오르막 자세와 내리막 자세 등을 먼저 가르쳐 주는데 우리가 걷지 못해서 상황별로 별도의 교육을 하시는 것은 아닐 겁니다. 등산은 걷기가 기본이고 높은 산을 올라가는 특수한 상황에서는 기본이 더욱 중요시되는 것은 말할 것도 없습니다. 상황에 맞는 걸음걸이가 기본이 되듯이 예비 건축주들도 일상생활이 아닌 엄청난 재산을 투자하는 특별한 일이 집 짓기라는 것을 인지하시고 기본부터 다시 되돌아보는 시간이 반드시 필요합니다. 앞으로 **제가 드릴 질문들은 가족회의를 통해 서로 의견을 나누고 공유하고 공감하는 시간이 필요하며, 공사를 하는 중에는 가족들이 어떠한 일을 겪게 될지 또 이사 후에 생활은 어떻게 변화할지에 대해서도 충분한 대화를 나누는 것이 좋습니다.**

　새로 짓는 집이 귀촌 주택이거나 한적한 전원주택일 경우 대리운전이 불가능한 경우가 다반사고, 치킨이나 피자가 먹고 싶어도 배달이 안 되거나 3마리 이상 시켜야 배달을 해 주기도 하며, 더운 여름 아이스크림 하나를 먹기 위해 차량으로 이동해야 하는 것이 현실로 다가옵니다. 자녀가 학생일 경우 학원친구, 학교친구, 동네친구가 모두 바뀌어 사춘기라면 적응이 어려울 수도 있으므로 마음의 준비를 할 시간을 충분히 주어야 합니다. 성인의 경우라도 익숙했던 생활환경이 이사하는 순간 급격한 변화를 가져와 옛 동네를 찾아가거나 귀가 시간이 늦어지는 등의 부작용을 낳기도 합니다. 또 가족 중 주택으로 이사하는 것을 반대하는 사람이 있다면, 그 이유가 무엇인지 반대의 이유를 충분히 공감한 후 그럼에도 이사를 하게 되면 무엇을 기대해도 좋은지, 어떠한 것들이 더 나아지기 때문에 이사를 하는지에 대한 이해를 구하는 과정이 굉장히 중요합니다. 이러한 대화시간을 가진 후 집 짓기 자체를 포기할지, 가족의 적극적인 지지와 참여로 좋은 집을 계획할지도 결정하여야 합니다. 〈집 짓고 10년 늙는다〉는 얘기를 한 번쯤 들어 보셨을 겁니다. 그런데 그 얘기는 옛날 말입니다. 요즘은 〈집 짓고 이혼한다〉는 얘기가 더 많습니다. 이사에 반대하는 가족을 설득하며 건축도 준비하는 상황이 되면 그 어려움은 더욱 커지게 될 것이 자명하고, 만일 가족 구성원의 반대에도 불구하고 누군가가 독단적으로 일을 진행하다 불미스러운 일이라도 발생해서 친척집을 전전하거나, 호텔 생활을 해야 한다면 그 참혹함은 상상만 해도 끔찍하고 최악의 경우 집도 가족도 모두 잃을 수 있음을 명심해야 합니다. 다시 강조드리지만 아래의 질문을 고민하시는 시간이 집 짓기의 중요한 첫걸음입니다.

1. 집을 왜 지으려고 하시나요?

　가족마다 상황마다 다른 얘기를 할 수 있습니다. 누군가는 은퇴 후 편히 살기를 원해서 집을 지으려 하시는 분들도 있을 것이고, 지금 살고 있는 집이 좁아서 큰 집을 원하실 수도 있고, 전세금이 너무 올라 갈 곳이 없어 가진 돈으로 당장 살 집이 필요해서 집을 지으실 수도 있습니다. 최근에는 부동산 세율이 가파르게 상승하다 보니 기존의 부동산은 처분한 후 맨 위층을 주택으로 사용하고 그 아래층은 임대를 주거나 커피숍을 직접 운영하려고 집을 짓는 분도 계셨습니다. 잠깐의 예만 들어 보아도 사람마다 가정마다 집을 지으려 하는 이유는 다양합니다. 이 질문의 의도는 집을 지으시려는 목적에 맞는 계획 수립을 명확히 하기 위해서입니다. 이견이 없는 좋은 땅에 많은 예산을 들여 화려하고 멋진 건물을 짓는 것은 누구나 할 수 있는 게 아니고, 그렇게 할 필요도 없습니다. 자신의 예산과 목적에 맞게 구체적으로 계획을 세워야 합니다. 예를 들어 1, 2층에 영업을 목적으로 한 공간을 두고 3층을 주택으로 계획한다면, 상충되는 용도를 한 건물에서 해결하여야 하므로 무엇이 우선인지를 결정하여야 합니다. 주택을 개조해서 레트로(retro) 느낌을 주는 편안한 분위기의 커피숍도 굉장히 많고, 전형적인 상업공간에 넓고 좋은 전망으로 기업이라 불리어도 손색이 없는 커피숍도 많이 있습니다. 또한 상업공간을 직접 운영하지 않고 임대를 놓을 계획이라면 어떠한 컨셉이 좋을지도 고려의 대상입니다. 다른 예로 직장을 퇴직 후 골프와 집필 연구활동으로 전원주택을 원하시는 분이 계셨습니다. 자제(子弟)분들은 장성해서 엄마와 도시에서 생활하기로 계획을 하셨기에 평상시에는 혼자 집을 모두 사용하시고 휴가기간과 명절 때만 가족이 한 공간에 모일 수 있게 설계된 집이었습니다. 42평의 2층 주택임에도 각 층에 방 1개와 화장실 1개로 구성되었고 주 생활공간인 2층은 넓은 거실과 높은 층고를 천창과 같이 시공해서 아늑하고 창의성을 끌어올리는 연구공간을 가진 집을 가지고 행복하게 지내고 계십니다. 이렇게 집을 지으려 하는 목적을 명확히 하고 그 목적을 달성할 수 있는 구체적 방안을 하나씩 만들어 나가는 것이 집 짓기의 기본이라 하겠습니다.

넓은 거실과 내부 계단이 활기찬 공간을 만들고
천창의 자연광이 조화된 집필 공간(저자 촬영)

2. 당신이 생각하는 집은 무엇인가요?

앞선 질문이 목적에 대한 것이었다면, 이 질문은 방법에 대한 것입니다. 제가 강연을 하면서 많은 분들에게 집에 대한 질문을 하였을 때 '안식처' '쉬는 곳' '편한 곳' '아이들이 마음껏 뛰어노는 곳' '자유로운 곳'이라고 답을 해 주셨습니다. 애초에 정답이 없는 질문이지만 답해 주신 모든 분들의 마음을 충분히 공감하며 이해할 수 있습니다. 저도 부모이자 한 사람으로서 같은 마음입니다. 그런데 이러한 추상적인 개념은 집 짓기를 할 때는 곤란합니다. 예를 들어 〈쉬는 곳〉에 대해 설명하자면 제가 쉬는 것과 제 아내가 쉬는 방법은 다릅니다. 저는 소파에 누워 TV를 보다 잠들면 그렇게 편할 수가 없습니다. 샤워를 할 때도 욕조에 앉아서 창밖을 바라보며 음악을 들을 때 기분이 좋습니다. 제겐 그런 곳이 편한 집입니다.

저자가 시공한 세살문이 설치된 다실 모습(저자 촬영)

제 아내는 전통적인 느낌을 주는 공간에서 잔잔히 음악을 틀어 놓고 차 마시기를 즐기며 휴식을 취합니다. 부부라 하더라도 사람마다 쉬는 방법이 다르고 휴식을 취하며 에너지를 얻는 방법이 다릅니다. 〈자유로운 곳〉이라는 얘기도 마찬가지입니다. 누군가는 한밤중에 음악을 아주 크게 틀어 놓고 춤을 주거나 감상하는 것을 자유롭다 느낄 수 있고, 취침 시 옷을 하나도 입지 않아야 숙면에 드는 분들은 건너편 집으로부터 시각적인 차단 장치가 있어야 자유롭다고 느끼게 될 것입니다. 가족 간의 대화도 이래서 중요한 것입니다. 생각하는 집을 정의하고 그에 따라서 그 정의를 구체화시키는 실질적인 내용이 필요합니다. 어쩌면 **집 짓기가 어려운 가장 근본적인 문제가 추상적인 개념을 현실화시키는 이 작업**일 수도 있습니다. 설문조사 결과에서도 보셨듯이 집에 대한 생각을 보면 대다수의 사람들은 Sweet Home을 얘기하고 있는 것이지, House를 말하는 것이 아닙니다. 캠핑트레일러나 동굴은 Sweet Home이 될 수는 있지만 House는 될 수 없습니다. 즉, 집에 대한 정의는 〈내 가족이 편안한 곳〉이라 얘기하면서도 가족이 편한 공간은 무엇일까에 대한 고민은 하지 않고 기와지붕과 징크지붕의 장단점을 공부하는 분들이 계십니다. 지붕의 본질은 집을 보호하고 실내로 비가 들어오는 것을 막는 기능을 하는 것입니다. 기와지붕에서는 내 가족이 편안한데 징크지붕에서는 그렇지 않다고 생각해서서 그러한 것인지도 모르겠습니다만 누구나 알고 있듯 그렇지는 않습니다. 물론 잘못된 시공으로 지붕에서 비가 샌다면 편안함을 방해하는 원인이 될 수 있지만, 반대로 생각해서 다실과 같은 편안한 공간은 제공하지 않고 비만 새지 않으면 편안하다고 느끼는 분이 있을 리도 없습니다. 물리적인 집에 대한 고민은 전문가에게 맡기시거나 2순위로 미루시고 행복을 가득 채울 수 있는 Sweet Home에 대한 계획을 세우는 것이 건축주가 진정으로 하셔야 할 일입니다. 그것만으로도 충분히 어려운 준비 작업입니다. 가족의 행복이라는 소망을 눈에 보이는 현실로 만들어야 하는 것입니다. 쉬운 예로 많은 분들이 시공사에 좋은 집을 지어 달라고 말씀하십니다. "걱정 마세요. 당연히 그래야지요!"라고 대답합니다. 그런데 좋은 집이 무엇인지, 어떻게 해 달라는 것인지에 대해서는 아무도 알려 주시지 않습니다. 외관이 멋지면 좋은 집인지, 비만 안 새면 좋은 집인지, 내부 인테리어가 고급스러우면 좋은 집인지, 가격이 저렴하기만 하면 좋은 집인지, 누구에게 좋아야 좋은 집이 되는 건지 시공하는 입장에서는 알 수가 없습니다. 어쩌다 건축주에게 물어봐도 알아서 해 달라고 합니다. 공사가 시작되면 Sweet Home은 형이상학적인 개념이 되어서는 안 됩니다. 설계 전 가족과 Sweet Home에 대해 충분히 대화한 후에 도면에 House로 표현되어 있어야 건축주가 원하는 좋은 집이 눈앞에 보이는 현실로 구현되는 것입니다. **건축주는 Home Plan을 잘하고, 건축사는 House Plan을 잘하고, 시공자는 Housing을 잘하면 건축은 절대 어렵지 않습니다.**

누군가의 아내, 누군가의 아빠, 누군가의 자식이 아니라 오롯이 자신만을 위해서 가지고 싶은 공간이 있으시면 좋겠습니다. 가족을 생각하는 우리의 관점에서 집을 보는 것이 아니라 개인만 생각하는 나의 관점에서 생각해 보면 어쩌면 그 공간을 가지려고 집을 짓는 것일지도 모릅니다. 예전, 이 질문에 중년 남자분의 답이 기억에 남습니다. 거창한 곳을 원하는 것이 아니라 그냥 아무도 들어오지 않는 자기만의 방을 가지고 싶다고 하셨습니다. 그 방에는 아무것도 없어도 된다고 하시면서 휴일에 늦잠을 자도, 퇴근 후 씻지 않고 잠을 자도, 집안에서 담배를 피워도, 하루 종일 아무것도 하지 않아도, 자신이 그 방에 있다면 가족 누구라도 그 방에 들어오지 않아 자신에게 잔소리하지 않는 방이 있으면 좋겠다고 하셨습니다. 의외의 대답이었지만 공감도 되고 쓸쓸하기도 한 기분이 교차하는 순간이었던 기억이 납니다. TV 예능프로그램에서 유명한 연기자가 자신의 집에서 화장실이 가장 편하다고 얘기한 기억도

떠오르고, 한 심리학자가 인터뷰에서 남자들이 자동차를 좋아하는 이유를 설명하는데 자기만의 공간이라고 느끼는 곳이 자동차뿐이라서 그렇다라는 얘기를 한 것도 공감이 갑니다. 아빠들이 화장실이나 자동차가 편하다고 한다면 엄마들은 괜찮을까요? 그렇지 않습니다. 많은 엄마들이 주방의 식탁만이 자기 공간이라고 느낀다고 대답합니다. 가족의 식사를 준비할 때도, 놀러 온 친구와 차를 마실 때도, 화장을 할 때도, 식탁 근처를 떠나 본 적이 없어서 그곳만이 자신의 공간이라고 느낀다고 하는데 엄마들은 식탁이 좋아서 그렇게 느끼시는 걸까요?

누구에게나 자신만의 공간은 필요합니다. 가족이라 하더라도 그들을 의식하지 않고 자기 취향의 음악도 들어야 하고, 하루 종일 책도 마음껏 읽을 수 있는 공간이 있어야 더욱 건강한 삶을 살아갈 수 있는 에너지를 얻게 되고 이러한 에너지는 건강한 가족관계를 유지하는 데 엄청난 도움을 줄 수 있습니다. 이러한 에너지를 만드는 데 도움을 주는 것이 집입니다. 공간이 사람을 변하게 한다는 말은 이미 건축학계에서는 상식에 가까운 얘기입니다.

집 짓기를 계획하면 가족 간의 대화가 무엇보다 중요합니다. 이 얘기도 실제 있었던 이야기입니다. 중2 남자아이를 둔 아빠가 제 강연을 듣고 집에 가서 아들에게 집을 지을 계획인데 너는 어떤 공간이 필요하냐고 물어보셨답니다. 예민한 시기라 평소 대화도 많이 없었고, 질문의 내용도 쉽게 대답할 수 있는 것도 아니라 큰 기대 없이 질문을 하셨는데 의외로 그 아이는 망설임도 없이 답을 하더랍니다.

"내 방에 넓은 테라스와 천창을 만들어 주세요. 별 보는 것을 좋아해서 지금 용돈 모으는 중인데 곧 천체망원경을 살 거야. 평소에는 테라스에서 별을 보고 비 오는 날은 천창으로 별을 보고 싶어."

오랜만에 부자간에 집 짓기로 시작된 얘기는 아타카마사막을 지나 달 표면 얘기까지 한참을 한 후에야 끝이 났다고 합니다. 얘기를 마치고 신난 아이에게 어쩌면 테라스와 천창을 만드는 것이 건축비 때문에 어려울 수도 있다고 조심스레 얘기를 했는데 중학교 학생이 이렇게 대답을 하더랍니다.

"괜찮아, 아빠. 이렇게 물어봐 준 것만으로도 너무 고마워. 덕분에 내가 요즘 용돈을 왜 모으는지, 아빠가 왜 집을 지으려고 하는지 알게 됐잖아. 우리 아빠 힘들겠다. 파이팅! 사랑해요! 그동안 예민하게 굴어서 죄송해요."

그분은 코끝이 찡해지는 걸 간신히 참았다고 합니다. 아들이 별자리에 관심이 있는지도 몰랐지만 그보다 어리게만 보였던 자신의 아들이 이렇게 잘 자라 주고 있다는 느낌이 그렇게 좋을 수가 없었다며 제게 자랑스럽게 일화를 들려주셨습니다. 여러 사정으로 아직 집을 짓지는 못하고 계시지만 집을 지을 때 가족 간의 대화가 얼마나 중요한 일인지 알게 되었고 집 10채, 100채보다 훨씬 더 값진 시간이었다고 고맙다고 여러 번 말씀해 주셨습니다.

House는 돈만 있으면 지을 수 있지만, Sweet Home은 가족이 먼저이고 돈은 그다음입니다. 또한 한 사람의 의지로 단시간에 되는 것이 아니라 대화와 존중, 배려의 시간이 지나야만 가능합니다. 모든 가족이 저렇게 멋진 모습을 보일 수는 없겠지만, 충분한 대화로 서로에 대해 더 잘 알 수 있는 시간을 가지고, 그 대화를 바탕으로 가족 개개인이 Healing 되는 공간을 집 설계에 반영할 수 있다면 분명 Sweet Home을 만드는 첫 단추는 정확하게 채우신 것입니다. 그런데 **이러한 대화가 쓸데없는 일이 아니라 설계의 기초자료가 되기도 하지만 건축비를 아껴 주는 중요한 일**이기에 길게 설명드린 것입니다. 대부분의 건축주는 도면의 숫자만 보고는 실제 공간의 넓이나 부피, 높이를 이해하기는 어렵기 때문에 공사가 진행되면서 눈으로 볼 수 있게 되면 수정을 요구하시는 경우가 생각보다 많습니다. 하지만 일단 공사를 시작하게 되면 수정이 거의 불가능하고, 가능하다 하더라도 비용이 많이 듭니다. 왜냐하면, 경량목조 주택의 경우 구조나 평수에 따라 편차가 크지만 보통 3만 개 이상의 못을 박아야 골조가 완성됩니다. 이미 새 자재로 벽체를 완성했는데 건축주가 수정을 요구한다면 그것을 뜯는 데는 더 많은 비용이 들어가고 새로운 자재를 구입하는 데도 비용이 들어가고 새로 시공하는 데도 비용이 들어갑니다. 예전 일이지만 실제 제가 겪은 일중에 거실과 안방 사이의 벽체를 통째로 5번 이동한 적이 있습니다. 건축주는 예상보다 거실이 작다 하시며 이동을 요구하셨고 벽체 전체가 왔다 갔다를 반복하다 결국 기존의 위치에서 10cm를 이동한 것으로 마무리되었지만 일정에 차질이 생겨 난감했던 기억이 납니다. 콘크리트 주택의 경우도 마찬가지입니다. 벽체 이동은 불가능하지만 일부 수정일 경우에는 현장에서 사용하는 파괴해머를 이용해 쪼아내기 작업을 하는 데도 많은 시간과 비용이 들어갑니다. 구조뿐 아니라 내부의 여러 작업도 그러합니다.

　욕조의 경우 보통 타일을 먼저 시공하고 욕조를 시공하는데, 일반욕조에서 Bubble 기능이 있는 욕조로 변경을 요청하실 경우 전기배선이 필수입니다. 벽체 타일의 종류와 시공 방법에 따라 전선 작업이 수월하다면 다행이지만 그렇지 않다면 이미 시공된 타일을 뜯어내고 작업을 하여야 하기 때문에 많은 비용이 들어가야만 가능한 일입니다. 아일랜드 주방도 마찬가지입니다. 처음부터 도면에 기재되어 있어서 상하수 배관 공사나 와인 냉장고, 정수기, 인덕션, 음식물처리기, 식기세척기, 매입전동콘센트 등을 위한 전기 공사가 미리 되어 있어야만 원활한 설치가 가능합니다. 그런데 주방 가구는 건축시공과는 관련이 없다고 생각하시고 아무런 조치 없이 바닥 마감공사가 끝난 후 주방 가구 업체에 위에 언급

한 제품들의 설치를 요구해도 원하셨던 아일랜드주방의 모습은 불가능하고 단순한 조리대나 식탁만 놓이는 경우가 대부분입니다.

정수기, 인덕션 등이 설치된 아일랜드 주방(저자 촬영)

기존의 것을 뜯어내고 변경하는 공사의 내용과 시기에 따라서 그 비용도 천차만별이지만 수정을 몇 차례만 요구해도 예상보다 큰 금액이 청구되기도 합니다. 간혹 카더라 통신이나 온라인의 하소연의 글을 보면 시공사의 무리한 추가요금 청구가 이슈가 되기도 하는데, 실제 무리한 청구일 수도 있지만 건축주의 잦은 변경 요구가 쌓인 상황에서 그 비용이 한 번에 청구되면 깜짝 놀랄 만한 금액이 되는 일도 흔하게 있습니다.

오롯이 필요한 공간이 가족 간의 대화로 이어지고, 그 결과가 도면에 반영되어 집을 짓는 것이 행복하게 제대로 준비하는 것이고 집의 만족도도 높이며 비용도 줄이는 1석 3조의 비결입니다.

4. 가족 중에 아픈 분이 계신가요?

초미세 먼지나 황사 등의 관련 소식이 매일 뉴스의 한 꼭지를 차지하는 것은 이제 일상이 되어 버린 지 오래입니다. 주택을 계획하시는 많은 분들 중에 건강을 염려하여 귀촌 주택을 계획하시는 분들도 계시지만, 상담을 하다 보면 건강을 회복하기 위해 귀촌 혹은 귀농을 생각하시는 분들도 많이 계십니다. 건강이 좋지 않으신 분들은 몸이 아프신 분들과 마음이 아프신 분들로 크게 나눌 수 있는데, 가족 중 그런 아픈 분이 있다면 상황에 맞게 주택설계에 반영하여야 합니다. 최근 상담한 가족 중에는 귀촌은 아니지만 자녀의 아토피 때문에 집을 짓겠다고 계획하신 분이 있었는데 이럴 경우 모든 자재 선택 시 유해환경호르몬이나 휘발성 유기화합물 등을 각별히 신경 써서 선택해야 합니다. 특히, 가구의 경우 주재료를 MDF로 사용하는데 MDF란 톱밥과 같은 나무 가루를 강력하게 압착하여 만든 판자 형태로 제조과정에 필수적으로 접착제를 사용하게 됩니다. 이때 사용하는 접착제가 건강에 영향을 줄 수 있습니다. 이러한 우려 때문에

MDF는 세부적으로 SE0, E0, E1, E2 등으로 등급 구분을 해 놓았습니다. SE0는 원목나무 수준이라 생각하시면 되고 MDF는 E0, E1 등급이 있으며 국내 제조 기준으로는 E1 이상의 등급부터 실내 사용이 가능하지만, 가급적 E0 등급의 MDF를 사용하기를 권해 드립니다. MDF뿐 아니라 마루, 도배, 방문, 몰딩 등 실내 마감 자재는 접착제로 고정을 하는 경우가 많아 자재의 원재료뿐 아니라 시공 부자재에 대한 체크도 필요합니다. 또한 자재뿐 아니라 공간의 특성과 개개인의 상황에 맞는 자재 및 시공법을 선택하는 것도 그에 못지않게 중요합니다. 공간의 특성에 관한 예를 들면 화장실 같은 곳입니다. 일상생활에서 발생하는 안전사고의 비율 중 가정에서 일어나는 사고가 의외로 가장 많습니다. 2019년 기준으로 전체 사고 대비 40% 발생률로 다른 장소에 비해 압도적으로 높고, 가정 내 사고 중 연령대별로 구분해 본다면 60세 이상이 10세 미만에 이어 두 번째로 높은 순위를 차지합니다. 60대 이상의 가정 내 안전사고 유형을 분석해 보면 화장실 사고가 47%로 거의 절반에 가까운 수치로 매우 높고 사고 위험성도 높은 곳이라 할 수 있습니다. 코로나로 인해 집에 머무는 시간이 늘어난 지금은 사고 발생률이 더 높아졌을 거라 예상합니다.

[최근 3년간 상위 5개 안전사고 장소별 현황]

(단위: 건, (%))

순위	2017년		2018년		2019년	
1	주택	33,806(47.6)	주택	38,141(53.0)	주택	40,525(55.5)
2	도로·인도	6,549(9.2)	도로·인도	13,870(19.3)	도로·인도	5,007(6.9)
3	숙박·음식점	5,093(7.2)	숙박·음식점	5,963(8.3)	숙박·음식점	4,813(6.6)
4	여가,문화,놀이시설	2,110(3.0)	여가,문화,놀이시설	5,012(7.0)	여가,문화,놀이시설	2,160(3.0)
5	기타 상업시설	1,806(2.5)	교육시설	2,019(2.8)	교육시설	1,820(2.5)

[최근 3년간 연령대별 가정 내 안전사고 현황]

(단위: 건, (%))

연령대	2017년	2018년	2019년
10세 미만	16,687(50.2)	15,518(42.9)	15,838(40.9)
10대	1,701(5.1)	1,489(4.1)	1,617(4.2)
20대	2,308(6.9)	2,319(6.4)	2,450(6.3)
30대	3,049(9.2)	4,240(11.7)	4,627(11.9)
40대	2,589(7.8)	3,864(10.7)	4,894(12.6)
50대	2,454(7.4)	3,644(10.1)	4,222(10.9)
60세 이상	4,426(13.4)	5,138(14.2)	5,117(13.2)
합 계	33,214(100.0)	36,212(100.0)	38,765(100.0)

자료: 행정안전부

집은 모든 가족에게 안전한 공간이어야 합니다. 그러나 어린이나 연령이 높을수록 그 위험성은 훨씬 높아집니다. 이러한 사고의 발생률을 줄이거나, 사고가 발생하더라도 위험성을 낮추는 대비가 필요합니다. 화장실 바닥의 경우 절대적으로 높은 비율로 타일을 많이 사용하지만 타일 종류에 따라 미끄러울 수 있고, 넘어졌을 때 딱딱한 바닥으로 인해 부상의 위험성이 높습니다. 그러나 타일 대신 우레탄보드를 사용한다면 물이 있어도 미끄럽지 않고 설령 넘어진다 하더라도 타일만큼 딱딱하지는 않기 때문에 치명상을 위험을 줄일 수 있는 방법 중 하나입니다. 실제 당뇨가 심한 분이 욕실 바닥 타일 때문에 작은 상처가 났는데 결국은 치료하지 못하시고 패혈증으로 돌아가시는 일도 있었으며 제 어머니도 아파트 두 번째 계단에서 넘어지시는 바람에 골반의 부상으로 결국은 좋은 곳으로 가셨습니다. 안전은 집이 가지는 어떠한 가치보다 우선되어야 합니다.

개개인의 다양한 상황에 맞는 시공 방법에 대한 예를 들자면, 예전에 제가 집을 짓는 도중 건축주의 자당(慈堂)께서 키도 작으신데 심한 관절염으로 실내에서는 기어 다니다시피 하시고, 어렵게 외출하셔도 기구의 도움이 없이는 거동이 불편하다는 얘기를 듣고 상의 후 전등 스위치, 인터폰, 보일러 컨트롤러를 방바닥에서 40cm의 높이로 시공해 드린 적이 있습니다. (보통 콘센트는 40cm~50cm, 스위치는 110cm~120cm에 설치.) 입주 즈음 어른께서 그것을 보시고는 제 손을 잡고 눈시울을 붉히셨습니다. 그간 매번 아들 내외에게 불을 꺼 달라고 하기가 미안해 무섭다는 핑계로 불을 켜 놓고 주무셨는데 이제는 불을 끄고 잘 수 있다며 너무 고마워하셨습니다. 저도 고마운 마음에 리모컨스위치를 달아 드렸던 기억이 있습니다. 리모컨스위치는 28,000원입니다. 그분께는 2,800만 원짜리 그 어떤 고급자재보다 더 소중한 28,000원이었을 것입니다. 이외에도 암 수술 후 황토구들방을 지어 드린 사례나 내부를 온통 편백나무로 시공한 사례 등 가족의 건강을 위해 집을 시공하는 사례는 대부분 실패 없이 최상위 만족도를 표현해 주십니다. 우울증, 자폐증, 경증 치매 등 마음이 편치 않으신 분들도 건축주가 미리 체크하셔야 합니다. 각 증상에 따라 구성해야 하는 공간이 달라집니다. 자폐스펙트럼이나 경계성 장애도 상황에 맞는 건축적 요소가 많이 있습니다. 건축주가 필요성을 느끼고 전문가에게 요청하지 않으면 아무도 챙겨 주지 않습니다.

5. 반려동물이나
다량의 수집 취미가 있으신가요?

　반려견이나 반려묘와 함께 사는 인구수는 이제 숫자를 세는 것이 의미가 없을 만큼 그 수가 많고 강아지나 고양이뿐만 아니라 도마뱀이나 거미, 이구아나, 거북 등 종류도 너무나 다양합니다. 그러나 각 동물의 습성에 맞는 최소한의 환경은 제공하고 있는지, 그리고 그 환경을 편리하게 유지, 관리할 수 있도록 구성되어 있는지는 체크해 볼 필요가 있습니다. 강아지를 예를 들면 강아지의 슬개골 탈구를 방지하기 위해 미끄럽지 않은 바닥재를 시공하는 것이나 배변을 위해 펫 도어를 설치하는 것은 많은 분들이 알고 계시지만, 네발로 편히 설 수 있는 낮고 깊은 계단이 강아지들에게 더욱 좋은 환경이 되고 조명기구도 플리커 프리(flicker free) 제품을 사용하는 것이 더 편안함을 준다는 것은 아직 모르시는 분들이 계실 것 같다는 생각이 듭니다. 또한 전선이나 블라인드 조절선도 강아지들이 걸리지 않도록 해야 하며 나무 가구나 의자 등 물어뜯을 수 있는 가구들은 싫어하는 방향제를 뿌리는 등의 조치를 미리 해 두는 것이 좋습니다. 이외에도 환풍기의 위치와 용량, 소리를 체크해서 설치해 주는 것이 좋고, 강아지들이 주로 목욕하는 공간의 트랜치 형태와 하수 파이프의 넓이, 파이프 설치 시 경사도 등을 잘 체크해야만 막힘 없이 유지, 관리하시는 데 어려움이 없습니다. 강아지의 습성과 주인의 생활패턴, 이 두 가지 특성에 맞춘 건축 시공이 같이 조화롭게 이루어져야 좋은 집이라 부를 수 있는 기본은 갖추어졌다고 하겠습니다. 대형강아지를 목욕시킬 공간과 주변에 물이 튀는 것을 신경 쓰지 않고 털을 잘 말릴 수 있는 공간은 만들어 놓았는데 목욕을 시킬 때마다 빠진 털과 작은 크기의 하수관으로 물이 잘 내려가지 않는다면 비싼 비용을 들였다 하더라도 강아지 목욕 공간은 결국 사용하지 않을 것 입니다. 특히 흔하지 않은 동물들의 경우 주인이 더욱 각 동물의 습성에 맞는 배려가 있어야 할 것이며 그러한 요건이 주어졌을 때 주인도 동물도 스트레스가 덜한 현명한 선택이 될 것입니다.

수집 취미도 사전에 공간의 배치 계획을 잘 세워야지만 추후 난감한 일이 발생하지 않습니다. 수집가 스스로가 이미 전문가이신 분들이 많아 소장품의 보관이나 관리 방법에 대해 따로 설명드릴 내용은 특별히 없지만 습기와 햇빛 등은 가급적 구조적으로 해결하는 것이 좋으며, 소장품의 무게와 크기, 진열 방법을 미리 결정하시고 설계에 반영하셔야 소중한 수집품들이 손상되지 않습니다.

다음 페이지의 사진은 실제 주택설계 단계에서부터 피규어를 위한 별도의 공간을 마련하였고 진열대의 크기와 숫자, 환기를 위한 창문과 햇

볕이 들지 않는 위치 선정 그리고 평소 피큐어를 관리하기 위한 작업 공간과 동선까지 세심하게 기획된 곳입니다. 이외에도 도자기, 보이차, 고가구, 그릇, 골프공과 기념품, 온도계, 코카콜라 goods 등 수집품의 종류와 그 수가 상상하기 어려운 만큼 다양하기 때문에 각각에 맞는 세심한 계획이 필요합니다.

200여 개의 피큐어를 수집 중인 건축주

활용도 100%
건축주 준비 항목

1. 원하는 집 모양을 그려 보세요

집 모양을 스케치해 보시거나, 원하시는 스타일이나 분위기의 집 사진을 Keep해 두시라고 조언해 드리고 싶습니다. 그 이유는 여러 의미를 내포하고 있습니다. 강연을 하다 보면 많은 분들이 목조주택의 장단점과 콘크리트주택의 장단점을 물어보시거나 주택 용도로 어떤 집이 가장 좋은지를 물어보시는 경우가 많이 있습니다. 장단점 자체가 궁금하기도 하겠지만, 각각의 좋은 점과 나쁜 점을 파악한 후에 자신에게 맞는 것을 결정을 하시려고 그러한 질문을 하시는 것 같습니다. 그런데 모든 건축자재는 장점과 단점을 함께 가지고 있습니다. 장점과 단점 중에서 하나를 쉽게 포기하고 다른 것을 선택할 만큼 월등하게 차이가 나는 것이 아니라 굳이 수치로 얘기하자면 반반 정도의 비율입니다. 물론 예외도 있기는 합니다만 장점만 있는 자재는 무척 고가이고 이는 단점입니다. 저는 제 개인적인 경험을 이유로 경량철골주택과 H빔주택, 흙집은 짓지 않습니다. 왜냐하면 이 세 개의 건축자재는 집을 위해 개발되거나 사용하는 자재가 아니라고 생각하기 때문입니다.

모두 샌드위치 패널로 지어진 산업단지의 공장 건물들(저자 촬영)

흙집은 역사와 전통이 엄청나지만 현대사회에서는 굳이 채택할 이유가 없습니다. 흙집을 흔히 짓던 시절에도 지체 높은 분들이 기와지붕에 나무집을 짓고 사신 이유가 분명히 있을 것이기 때문입니다. 샌드위치 판넬 집이라 얘기하는 경량철골주택도 개발의 목적은 주택의 용도가 아니었으며 무엇보다 시중에 주택용으로 많이 사용되는 패널은 화재에 취약해서 미국 등 선진국에서는 주택용으로 사용한다는 생각도 하지 않는 자재이고, 주택용 자재로는 검사 대상도 되지 않습니다. H빔주택 역시 가격도 싸지 않지만 기술적 이유로 현실에서 많이 시공되고 있지 않는 주택의 종류입니다. 많은 건축가들이 가장 어려운 건축으로 주택을 꼽는 데 주저하지 않습니다. 그 이유는 상업용 건물은 대부분 1층부터 마지막 층까지 같거나 유사한 경우가 대부분이기 때문에 반복작업으로 완공이 가능한 경우가 많아서이기도 하지만, 사람의 체류시간을 기준으로 하는 건물 설계의 전제조건이 24시간 상주한다는 기준이 아니기 때문에 실제 24시간 이상 누군가가 건물에 머문다 하더라도 설계의 기준은 주거용이 아니라서 비교적 건축이 수월한 반면 주택의 경우, 장성한 자녀가 있는 맞벌이부부의 집이라면 통상 모든 가족이 집에서 잠만 자고 낮시간대는 거의 비어 있는 경우가 많지만, 건축의 기준은 1년 365일 24시간 사람이 집에 있다는 가정에 맞춰 설계와 시공 등이 이루어지며, 거기에 더 나아가 주택 하나하나가 같은 집이 없고 같은 집이라 하더라도 층마다 다르기 때문에 주택건축이 어렵다고 하는 것입니다. 그런데 위에 말씀드린 세 가지 자재는 제 기준에서는 24시간 사람이 상주해 있는 공간에 사용하는 것은 맞지 않는다고 생각하기 때문에 주택건축에 권하지 않는 것이지 경량철골이 나쁘다거나 H빔이 좋지 않은 자재라는 것은 아닙니다. 집은 건축주의 취향에 맞는 외관을 가진 집을 어떠한 구조재로 짓는 것이 가장 적합한가의 문제이지 장점이 많은 자재를 정하고 그 자재를 구조재로 사용하는 것이 무조건 좋다는 접근방식은 내외장재의 종류에 따라서 오히려 더 많은 하자를 유발할 수도 있습니다. 〈목조주택이 건강에 좋다〉는 얘기는 나무 자체가 건강에 좋은 영향을 주거나 인체에 유해하지 않다는 의미이지, 궁합이 맞지 않는 여러 자재들로 시공해서 곰팡이가 발생하는 목조주택이라면 건강을 위해서 목조주택을 지어야 할 이유가 반감되고, 〈콘크리트주택은 무조건 건강에 좋지 않다〉는 얘기도 일부의 분들을 제외하고는 지난 수십 년간 우리나라 인구의 절대다수가 콘크리트건물에서 잘 살고 있는 것만 보아도 일반화할 수 있는 얘기는 아닐 것입니다. 〈경량목조주택의 내구성이 오래갈까〉에 대해서도 설명할 때 간혹 봉정사 극락전을 예로 들면서 고려시대의 목조건물임을 말하며 관리만 잘하면 아무 문제가 없다고 설명하시는 분들이 계시는데, 그러한 설명은 무언가를 착각하셨거나 임펙트(impact) 있는 예를 들려다 보니 극락전으로 설명한 것일 거라 생각합니다. 극락전과 경량목조주택은 집의 뼈대인 골조가 나무라는 것만 동일할 뿐 구조역학적으로는 완전히 다른 방식입니다. 극락전은 기둥, 보 구조로 뼈대의 역할을 하는 나무가 노출되어 있어서 자연건조가 쉽고 나무를 눈으로 확인하는 것이 가능하기 때문에 유지관리가 비교적 수월한 반면 경량목조주택은 벽식 구조로 뼈대 역할을 하는 나무를 의도적으로 노출시키지 않으면 눈에 보이는 나무는 하나도 없고 모두 벽 속에 나무가 있는 방식이기 때문에 자연건조가 어렵고 상태를 눈으로 나무를 확인할 수 없기 때문에 유지, 관리하는 것도 기둥, 보 구조에 비해 어려운 것이 사실입니다. 이렇게 각 구조재의 한 가지 측면만 보거나, 마치 전설처럼 내려오는 얘기들에 의존해서 구조재를 결정하는 것보다는 건축주가 원하는 집의 사진이나 모양을 스케치한 것을 가지고 전문가와 상의한 후 거기에 합당한 구조재를 결정하는 것이 건축주 입장에서는 훨씬 효율적인 방법입니다.

예를 들어 다음 페이지와 같은 모양의 집이나, 흔히 프로방스 주택, 지중해풍 주택이라 말하는 주택의 경우는 경량목조주택이 가장 적합한 주

충남 아산시 경량목조주택(저자 촬영)

택의 구조재입니다. 물을 사용하지 않는 건식시공이라 계절에 크게 구애받지 않고 시공이 가능하며 시공 기간이 짧아 타 구조재 비해 건축비도 상대적으로 저렴합니다. 그리고 위와 같은 스타일의 집은 대다수의 시공자가 경험도 많아서 하자 확률을 크게 감소시킬 수 있고, 규격화되고 최적화된 자재 사용으로 시공 품질도 비교적 일정한 편입니다. 또한, 골조공사 시공 기간이 통상 15일 이내로 빨라서 건축에 대한 지식이 없다 하더라도 매일의 공사 진행 속도가 빠르다 보니 금새 집의 구조를 눈으로 확인 가능하기 때문에 직접 보면서 창의 위치나 크기를 바꾸거나 때에 따라서는 집의 내부 면적을 조정하는 것도 다른 구조에 비해 수월하게 가능하기 때문에 완성 후 후회하는 확률을 줄일 수 있다는 장점도 경량목조주택을 추천하는 이유 중 하나입니다.

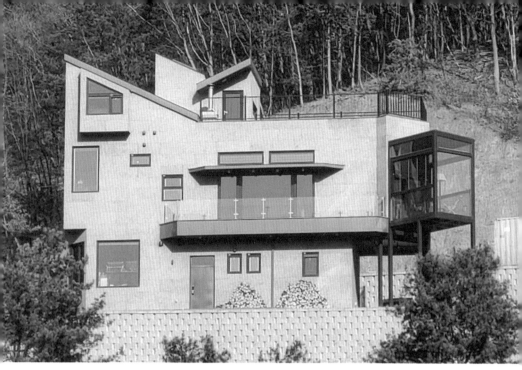

경기도 양평군 하이브리드주택(저자 촬영)

원하시는 집이 이런 모양일 경우에는 경량목조, 철근콘크리트, H빔 등 거의 모든 구조재로 건축이 가능합니다. 이런 경우에는 평지붕과 실내방수 등 골조시공이 아니라 다른 시공과 골조시공의 궁합과 건축주의 로망(roman) 공간을 구현하는 데 어떤 방법이 좋은지를 염두에 두어야 하는데, 건축주는 군이 자재 간의 궁합 등을 공부하실 필요 없이 건축사와 상의하시는 것이 올바른 방법입니다. 경량철골주택의 경우 각관(네모난 철관)이나 C형강으로 기둥과 보를 먼저 시공하고 샌드위치 패널을 그 외부에 붙이는 방식이 일반적인데 이렇게 시공하면 집의 실내 부분에서는 기둥 역할을 하는 각관이 그대로 보이기 때문에 노출된 각관을 덮기 위해 내부에 석고보드 등의 재료를 덧붙이거나 각관 위에 그냥 도배를 하는 방법으로 내부 마감 방법이 다를 수 있습니다. 이렇게 마감하는 방법에 따라 내부 면적이 달라지기 때문에 신중한 선택이 필요합니다. 또 철근콘크리트 주택의 경우도 단열재 시공 방법과 내부 마감 방법 따라서 내부면적이 달라질 수 있습니다. 아파트에서는 내단열(단열재를 내부에 시공)을 주택에서는 외단열(단열재를 외부에 시공)을 많이 하지만, 주택이라 하더라도 외장재 시공 방법이나 상황에 따라 내단열로 시공하게 되면 실내 면적이 단열재 두께와 석고보드 시공 면적만큼 줄어들기 때문에 단순하게 생각할 것이 아니라 고민해야 할 요소가 많이 있습니다. 경량목조주택은 스터드(stud) 역할을 하는 나무 사이로 단열재를 시공합니다. 나무 사이에 단열재를 집어 넣는다는 것은 중단열(단열재를 벽체중간에 시공)의 개념으로 앞서 설명한 외단열이나 내단열과는 또 다르고 2×6의 구조재를 stud로 사용했다면, 중부1지역의 경우 단열 값을 계산해서 추가 단열재를 시공해야만 공사 후 사용승인(준공)이 가능합니다. 그런데 단열재는 그 종류도 많을 뿐 아니라 그 종류에 따라서 단열 값을 계산하는 방법도 다르고, 추가 단열재의 선택에 따라 일부 외장재는 시공이 불가능하거나 보강을 해 줘야만 시공이 가능한 상황이 발생할 수도 있기 때문에 단순히 구조재 선택의 문제가 아니라, 선택한 자재별로 시공이 용이한지 혹은 그렇게 시공되었을 때 건축주가 원하는 마감이 나올 수 있는지 복합적이고 유기적으로 검토되어야 합니다. 이렇게 이해를 쉽게 하기 위해 간단히 설명드리려 했음에도, 결국은 복잡한 얘기가 되어 버린 문제를 건축주가 구조재별로 시공 방법을 공부하시거나 단열재별로 시공 방법을 공부하고 각 구조재에 어울리는 단열재 시공법을 결정하고, 그에 따른 내외장재 시공법까지 공부한다는 것은 현실적으로 불가능합니다. 그런데도 불구하고, 몇몇 분들은 실제 전혀 의미가 없는 시공을 요구하시거나 시공 자체가 불가능한 방법을 스스로 연구해서 요청을 하시는 경우가 가끔 있는데, 제대로 된 건축사를 만나 설계를 하실 때는 대부분 엄청난 노력을 들여서 개발한 방법임에도 불구하고 실제 시공으로 채택되는 경우는 없고 투자한 시간을 후회하시는 모습을 많이 보았기 때문에 건축주의 지나친 시공 공부를 말리는 것입니다. 물론 아주 일부의 설계사들은 건축주의 요구사항을 법적 기준에만 맞으면 도면에 반영해 주기도 하는데, 그러한 경우라도 시공사에게 거절 당하기 일쑤이고, 설령 건축주의 요구대로 시공한다 하더라도 하자에 대해서는 면책을 요구하기 때문에, 언쟁이나 불신의 사유가 되기도 해서 현실로 이루어지는 경우는 극히 드물다 하겠습니다. 또 구조는 단순한 자재 선택의 문제가 아니라 물리학과도 관계가 있는 분야이니 비전문가이신 건축주들은 원하는 집 모양을 선택하는 것이 더욱 중요한 일입니다. 그 일은 건축주가 아니면 누구도 할 수 없는 일이기 때문입니다.

2. 하고 싶은 외장재나 지붕재가 있으십니까?

외장재와 지붕재는 집의 외부와 지붕에 부착되는 자재를 의미합니다. 주기능은 비나 눈이 집의 내부로 들어오는 것을 막고 집을 보호하는 것이 주기능이며, 집의 전체적인 분위기를 나타내는 미적인 기능도 가지고 있습니다. 그렇지만, 외장재와 지붕재의 기능적인 설명은 어디까지나 건축적인 설명인 것이지 건축주의 입장에서는 창문과 함께 예산을 결정하는 가장 큰 요인 중 하나이기 때문에 마음속으로 결정해 둔 것이 있는지 여쭤보는 것입니다. 당연히 집을 이루는 모든 구성요소 하나하나가 건축비를 구성하는 것은 맞지만 고급주택을 제외한다면 지하층, 지붕재, 외장재, 창호가 건축비에 가장 많은 부분을 차지합니다. (고급주택을 제외하는 이유는 짐작하시겠지만, 내부 인테리어 자재 중 변기 하나만 예를 들어도 손잡이를 돌리면 물이 내려가는 기본적인 성능은 같지만 부가기능과 제조사에 따라 가격이 10배 이상 차이 나는 경우는 흔하고 건축주의 선택에 따라서 수입기간 혹은 최소한의 제조시간이 필요한데, 이럴 경우 단순히 변기의 문제가 아니라 공사기간이 늘어남에 따라 그에 따르는 비용도 같이 증가하기 때문에 예상 불가능한 변수가 너무 많아 예측이 어렵습니다.) 특히, 우리나라의 경우 개인의 선호도보다는 외장재의 유행(trend)에 민감한 편이라 한정된 예산 내에서 원하는 외장재와 지붕재가 차지하는 비용의 비율(position)이 크게 차지할 경우 다른 공정에 영향을 줄 수 있기 때문에 선호하는 지붕재와 외장재가 있다면 대강이라 하더라도 예산을 짚어 보는 것이 좋습니다. "종류가 많은데 가능할까?"라고 생각하시는 분이 계실 수도 있지만 생각보다 그리 많지 않습니다. 왜냐하면 건축만큼 보수적인 곳도 없기 때문입니다. 모든 건축자재는 사용자의 안전이 1순위입니다. 집은 더욱 그러합니다. 연구소의 데이터보다 오랜 시간 현실에서 사용되어 내구성과 안전성을 인정받아야만 널리 사용됩니다. 외장재의 경우는 더욱 까다로운 조건을 거치게 되는데 햇볕에 노출된 채로 온도와 습도가 다른 4계절을 견뎌 내며 안전성과 내구성을 인정받아야만 지붕재나 외장재로 사용합니다. 대표적인 자재가 〈기와〉입니다. 로마 시대부터 사용된 서양은 말할 것도 없이 우리나라도 삼국시대부터 지금까지 기와를 지붕재로 사용하고 있습니다. 2019년부터 다시 주택건축에 유행 중인 〈벽돌〉도 기와 못지않습니다. 주재료의 차이는 있다 하더라도 벽돌의 역사는 B.C. 4000 메소포타미아 문명에서 사용된 흔적이 발견되었고, 우리나라의 경우 삼국유사에도 벽돌에 대해 언급된 부분이 있을 정도로 그 역사가 깊습니다. 이렇게 수천 년 전부터 사용되었던 자재들이 아직도 유용하게 사용되고 있다는 것만 봐도 건축을 하는 사람들이 건축에 대해 어떠한 자세를 가지는지 짐작하실 수 있으실 겁니다.

지붕재를 먼저 설명드리자면, 현대의 과학발전으로 예전과는 다르게 많은 종류의 자재가 있다 하더라도 실제 현장에서 사용되는 지붕재는 기와, 징크(zinc), 아스팔트싱글, 세라믹 정도가 주를 이룹니다. 물론 각각의 자재별로 세분화된 종류는 다양합니다. 기와도 점토기와, 금속기와, 시멘트기와, 플라스틱기와가 주로 사용되고 징크도 리얼징크, 오리지널징크, 티타늄징크, 알루징크 등으로 세분됩니다. 세분된 각각의 자재별로 가격이 다르고, 시공 방법과 사용하는 부자재 그리고 현장상황에 따라 가격이 달라지기 때문에 정확한 금액을 미리 예견하기는 어렵지만 ㎡의 기준으로 통상의 가격을 알아보시기만 해도 예상 금액과 실제 지출 금액의 오차를 최대한 줄일 수 있습니다.

외장재의 경우 지붕재보다 종류는 다양하지만 지붕재보다 더 확실하게 취향에 따라 호불호가 나뉘는 경우가 많기 때문에 후보 물망에 오르는 자재는 오히려 작은 경우가 더 흔합니다. 구체적인 예를 든다면 징크(금속), 목재, 돌, 타일, 콘크리트, 벽돌, EISF(외단열 미장마감공법), 각종 사이딩(siding)과 각종 패널(panel) 정도로 정리가 될 것 같습니다. EISF란 흔히 드라이픽스라고도 얘기하는데 미국의 드라이픽스사에서 개발한 방법으로 스톤코트, 스타코플렉스, 스타코, STO등의 방법을 통칭한 것입니다. 벽돌의 경우에도 디자인블럭이나 청고벽돌, 적고벽돌, 파벽돌, 시멘트벽돌 등 제조 방법이나 재료에 따라 가격의 편차가 심하고 특히, 벽돌의 경우 쌓는 방법과 쌓는 모양, 기술자의 숙련도에 따라 인건비가 차지하는 비중이 커서 조금은 detail한 질의사항을 준비한 후에 알아보시는 것이 좋습니다. Siding은 횡으로 길게 가공된 자재를 의미하는데, 목재사이딩, 세라믹사이딩, 시멘트사이딩, PVC사이딩 등이 주로 사용됩니다. 목재사이딩의 주요 사용 수종은 레드우드, 시다, 파인, 스프러스, 탄화목 등입니다. 수종별 특성이 있지만 큰 의미를 두기는 어렵고 그보단 나무의 두께나 재단의 형태, 색상에 비중을 두고 선정하는 것이 보통입니다. 세라믹사이딩은 모래와 펄프, 콘크리트 등을 혼합한 후 특수공법을 통해 만들어지며 거의 전량 일본에서 수입한 제품을 주로 사용합니다. 주요 제조사는 i-cube, kmew, toray, konoshima 등으로 대부분의 세라믹사이딩 시장을 장악하고 있습니다. 회사별로 시공법은 유사하지만 코너 자재와 전용 실리콘 등 부자재의 가격이 비싸고, 회사별로 같은 패턴디자인이 없으며, 같은 회사라 하더라도 제품의 Line up에 따라 색상, 패턴, 두께가 다양해서 모든 제품을 파악하기 위해서는 많은 시간과 노력이 필요합니다. 각 제품마다 품번을 부여한다면 수천 가지가 될 만큼 많지만 서두에 말씀드렸듯이 제품을 큰 카테고리로 묶고 그중에서 자신의 취향을 찾아간다면 충분히 준비가 가능한 일입니다. 다만, 집의 골조와 단열재 종류에 따라 하자 우려로 인해 일부 자재는 시공이 불가능하거나 시공이 복잡해지는 문제가 있어 시공비의 편차가 있는 경우가 있습니다. 여러 경우가 있겠지만 세라믹사이딩으로 예를 들어 설명하자면 많은 시공자들이 세라믹사이딩은 외단열 주택에는 시공이 불가능하다고 하거나, EPS(스티로폼) 대신 얇은 열 반사 단열재를 사용해야만 시공이 가능하다고 설명하는 경우입니다. 세라믹사이딩도 외단열 주택에 시공이 가능함에도 시공이 불가능하다고 얘기하는 이유는 시공자가 방법을 모르거나, 방법을 알고 있지만 이미 얘기한 금액으로는 도저히 공사를 할 수 없기 때문에 불가능하다고 하는 것일 확률이 높습니다. 또 외장재는 통상 집의 가장 넓은 면적을 차지하다 보니 가격이 비싼 자재와 저렴한 자재 두 가지 이상을 잘 보이지 않는 벽면과 잘 보이는 벽면으로 구분하여 시공하거나, 대비되는 두 가지 이상의 자재를 부위별로 accent를 주기 위해 시공하는 경우도 많이 있습니다. 건물의 전면과 측면부는 스타코플렉스로 시공하고 후면부는 시멘트사이딩으로 시공한 후 도색을 한다거나, zinc를 주 외장재로 사용하지만 현관과 거실 측 전면부의 일부에만 탄화목 사이딩을 사용하는 경우가 그러한 경우인데, 제 생각에 이러한 결정은 건축가의 조언은 참고용으로 생각하시고 전적으로 건축주가 주도해서 자신과 가족의 취향을 반영해서 결정하는 것이 나중에 후회하지 않는 현명한 방법입니다. 특히나 '알아서 해주세요'는 외장재의 면적과 비용을 생각해 보면 상대에 따라서 굉장히 위험한 발언이 될 수 있습니다. 시공자가 자재 결정의 주도권을 쥐게 되면 가격 변동성이 그만큼 높아질 수 있기 때문입니다.

두 가지 세라믹사이딩이 시공된 울산 주택(저자 촬영)

3. 인테리어 잘하는 법

누구나 깔끔하고 멋진 환경에서 생활하기를 원하지만, 의외로 많은 건축주들이 정작 자신이 편안함을 느끼는 인테리어가 어떤 스타일인지는 잘 알지 못합니다. 저작권의 문제로 사진을 실을 수는 없지만, 실제 제가 시공했던 집의 건축주 한 분이 6장의 예쁜 인테리어 사진을 보내 주시며 "우리 집 이렇게 해 주세요."라고 하신 적이 있습니다. 난감했던 것은, 제가 봤을 때(누가 보아도) 각각의 사진이 완전히 다른 스타일의 인테리어였다는 겁니다. 도저히 의도를 파악할 수 없어 사진의 출처를 여쭤보니 여성동아, 우먼센스 등 여러 잡지책에서 가져온 것이라는 설명을 해 주셨습니다. 집을 짓거나 계획하다 보면 남의 집은 다 예뻐 보이고 비슷하게라도 따라 하고 싶은 마음은 충분히 이해하지만, 본인 스스로가 자신이 좋아하는 스타일을 모른다면 딱히 해결책이 없습니다. 확실한 해결책이라면 주택설계도면 작성 시 인테리어도면도 같이 하는 방법이 있는데 비용이 예사롭지 않습니다. 집에 대한 설계 비용이 300만 원에서 3,000만 원 사이라면 인테리어 도면은 3,000만 원을 넘어가는 것이 더 흔할 정도로 비용이 싸지 않습니다. 왜냐하면 어떠한 주택설계도면이라도 도면의 최종은 사용승인(준공)이다 보니 설계품질의 차이가 나더라도 사용승인만 받는다면 생활하는 데는 영향이 덜하지만, 인테리어는 건축주의 만족이 최종목표이기 때문에 적은 비용으로는 충분한 시간을 가지고 상담을 하거나 많은 고민을 하며 설계를 해 줄 디자이너가 매우 드물고, 인테리어 설계 비용을 조금이라도 줄이려고 공사와 설계를 같이 하는 인테리어업체를 선정하게 되면 인테리어 공사와 집 공사가 서로 부딪혀 결과물을 내기 어려운 경우가 더 많습니다. 설계와 시공, 인테리어의 전체 조율을 건축주가 하거나 인테리어에서 맡아서 책임지고 해야 하는데 그 또한 쉬운 일이 아니기 때문에 현장에서는 특별한 경우를 제외하고는 사용하지 않는 시스템입니다. 신축의 인테리어 개념과 많이 접해 보셨던 아파트의 리모델링 혹은 인테리어의 개념은 실내공사라는 의미만 같을 뿐, 업무 follow는 완전히 다릅니다. 또, 주택 신축 시 건축주들이 인테리어에 대해 혼동하시는 부분이 있는데 시공회사에서 내부공사를 어디까지 해 주는지에 대해 확실히 인지하지 못하는 경우가 많습니다. 대부분 계약서에 명기되어 있지만, 익숙하지 않은 단어가 적혀 있는 바람에 실감하지 못하시는 경우도 있고, 계약서를 잘 읽지 않고 당연히 해 주시겠거니 하는 경우도 있습니다.

거실만을 기준으로 다음 페이지의 사진을 본다면 블라인드를 제외한 모습이 통상 시공회사에서 하는 부분입니다. 벽지, 마루, 조명 등은 건축공사에 포함되는 항목입니다. 즉, 가구를 제외한 나머지 부분은 시공된

이사 전 입주 청소가 완료된 거실(저자 촬영)

다고 생각하시면 됩니다. 물론 계약에 따라서 달라질 수 있습니다. 이 집의 경우 계약서를 작성할 때에는 Ceiling fan의 종류가 많아 미리 정하지 못하였고 공사 후에 벽지 등을 보고 내부 분위기에 맞는 제품을 건축주가 직접 구입하시면 달아 드리기로 협의했던 부분입니다. 에어컨이나 열회수공조장치, 벽난로 같은 경우도 유사합니다. 해당 제품의 설치를 위한 Base 작업은 시공회사에서 하고 제품의 설치는 각 제조사에서 직접 하는데 제품 구입을 누가 하느냐의 문제는 협의사항입니다. 한 가지

tip을 드리자면, 에어컨의 경우 천장형이 아니라 스탠드형이라 하더라도 냉방 배관은 주택공사 중에 미리 설치해 두어야 배관이 노출되어 보이지 않고 미관상으로 좋습니다. 그런데 흔히 알고 있는 전자제품 매장에서 에어컨을 구입할 경우 각 제조사에서 제공하는 설치 서비스는 아파트처럼 사람이 거주 중인 환경에서 1회 방문으로 설치가 끝나는 곳을 기준으로 작업을 하는 곳이라서 공사 중에 미리 배관을 하고 입주 후에 에어컨을 설치해야 하는 2회 이상의 출장은 하지 않는 것이 보통입니다. 만약 건축주가 직접 에어컨을 구입해야 할 때는 미리 타공 크기와 배관 작업 일정, 작업 가능 여부를 가전회사에 확인해서 시공회사에 알려 주는 것이 중요합니다.

시공과는 상관없이 건축주들이 예쁜 인테리어를 원하시면서도 혼동하시는 다른 부분은 빈집일 때 기준으로 벽지와 바닥재, 방문, 가구의 색상을 선택하시는 것입니다. 풀어서 설명드리면 이삿짐이 들어오기 전, 집에 다른 물건이 없을 때는 선택하신 벽지나 바닥재의 색상이 조화롭게 잘 어울리지만 짐이 들어왔을 때 그 조화가 박살 나는 경우가 많다는 것입니다. 가지고 계신 냉장고의 색상이나 질감은 고려하지 않고 저 혼자 예쁘기만 한 주방 가구를 고르시거나, 마루 색상과 전혀 어울리지 않는 침대나 소파를 가져다 놓는 경우가 흔하디 흔한 경우입니다. 인테리어에서 소홀하기 쉬운 다른 요인은 소품 등 display의 영역을 미처 생각하지 않는다는 것입니다.

인테리어 디자인이란 실내공간의 종합적인 설계를 의미하는 것으로, 세부적으로 본다면 Display 디자이너, 조명 디자이너 등 인테리어 내에서도 다양한 전문가가 존재합니다. 잡지 속 예쁜 집들의 사진 속에는 잘 어울리는 소품들이 같이 등장하며 소품의 크기와 색상이 촬영 시 어떻게 나오고 어떤 조명을 사용해야 더 이쁘게 찍히는지 잘 알고 있는 전문가들의 합작품입니다. 위의 사진은 제가 직접 찍은 사진이라 제 의도를 충분히 전달하는 데는 부족하지만 사진에 보이는 물건들이 하나도 없는 공간을 상상해 보신다면 의미를 이해하실 수 있으실 겁니다. 입주 후 로망(roman)했던 예쁜 공간 속에서 생활하시기 위해서는 주택시공회사에서 하는 작업은 벽, 바닥, 천장 등이라는 것을 미리 인지하시고 그러한 작업들은 마치 예쁜 인테리어 그림을 그리기 위한 스케치북을 만드는 것이라 생각하시면 됩니다. 파란 종이일지 흰색 종이일지 검은색 종이일지는 화가(건축주)의 판단입니다. 배경 색상이 결정되면 가지고 계신 가구와 가전제품들이 밑그림의 역할을 하게 되며 그림 액자, 침구세트, 스탠드 조명, 커튼 등이 물감 혹은 명암을 주는 마무리 역할을 한다고 생각하시면 전체 그림을 계획하시는 데 한결 도움이 되실 겁니다. 이렇게 인테리어라는 큰 그림의 계획을 세우신 후에 수채화를 그리실지, 수묵화를 그리실지, POP art를 하실지 결정하시면 인테리어는 차질 없이 완성될 겁니다.

소품들이 멋스러운 다락방(저자 촬영)

4. 집은 지극히 주관적으로 지어야 한다

　위의 사항을 잘 준비하신 분들은 제게 묻지 않으시지만, 준비 과정 중에 혹은 준비하시려는 분들은 이런 의문을 품고 계신 걸 알고 있습니다. 잘 준비하신 분들은 제가 지나치다 싶을 정도로 반복 강조한 내용들을 충분히 공감하신 분들이고, 의문을 품으신 분들은 다른 곳에서는 읽어보지 못했던 내용이라 의문을 가지실 수도 있습니다. 이 책을 읽고 계시는 분들이라면 아마 Youtube 영상이나 인터넷카페, 건축박람회, 건축강연 등을 통해 집 짓기 준비를 위한 사전조사를 경험해 보셨을 확률이 높습니다. 그런데 거기에서 속 시원한 정답을 찾으셨나요? 아마 아닐 겁니다. 답을 찾으셨다면, 정답을 알고 있는데 이 책을 읽고 계실 이유가 없습니다. 그 정답은 찾을 수 없습니다. 왜냐하면 그 정답은 이미 알고 계시기 때문입니다. 다만 이 책을 읽기 전에는 그걸 인지하지 못하셨기 때문에 외부 조사로 방향을 잡아 정답 찾기를 하고 계셨을 뿐입니다. 집(home)이란 물건이 아닙니다. 가족의 삶에 항상 같이 있는 안식처입니다. 나의 안식처와 우리 가족의 안식처를 남에게 묻는다고 그들이 답을 알 수 있을까요? 대한민국 최고의 건축가도 답할 수 없는 질문입니다. 아마 〈집 짓기〉를 준비하다 보니 단어에 현혹되어 〈짓기〉 준비만 열심히 하셨기 때문에 헤매신 겁니다. 이제부터라도 〈집〉을 준비하시면 됩니다. 〈집〉이 준비되어야 〈짓기〉를 하는 것이지, 〈짓기〉 준비만 하시면 기술자가 됩니다. 집을 짓는 데 돈 쓰고 기술자 공부하시는 데 시간을 쓰는 꼴입니다. 건축학교 취업반에 입학하려고 준비하시는 게 아닙니다. 가족의 안식처(sweet home)를 만드시려고 돈을 쓰시는 겁니다. 또한 위의 과정들은 실질적으로도 도움이 됩니다. 이미 예를 들어 드렸던 사례들 외에도 건축사를 만났을 때도 효과가 큽니다. 건축주가 직접 A4용지에 그릴 때도 도움이 되지만, 많은 비용을 지불하고 설계를 하기 위해 건축사 사무실을 찾아갔을 때 아무런 준비 없이 미팅을 시작한다면 막상 할 얘기가 있을까요? 건축주와 많은 얘기를 나누고 설계를 해야 하는 입장에 있는 설계사는 질문이 많을 수 있겠지만, 정작 질문을 받는 건축주 입장에서는 바로 답하기 어려운 질문도 있을 것이고 모르는 내용도 있을 겁니다. 그러면 여러 차례 미팅으로 점점 대화의 초점이 모아져야 하기 때문에 시간도 많이 걸리고 매번 회의 때마다 온 가족이 참석할 수도 없어서 아무 준비 없이 설계자와 미팅을 한다면 자칫 엉뚱한 결과가 나오기도 합니다. 건축사를 만나지 않고 시공자를 먼저 만나는 경우도 마찬가지입니다. 여러 대화가 오가겠지만 도면이 없는 상태에서 시공자가 얘기할 수 있는 것은 한계가 분명하고 여러 주제가 오가다 결론은 〈대충 얼마면 지을 수 있다〉로 마무리되는 것이 대부분입니다. 위에서 제가 질문했던 내용들은 모든 과정에서 매우 중요하고 거기에서 결정된 사안들이 현실화된 결과물이 '집'입니다. 그러므로 반드시 가족과 함께 많은 대화를 나누시길 다시 한번 강조드립니다.

정말 도움되는
체크리스트 만드는 법

이번 장에서는 실질적으로 어떠한 준비를 해야 설계나 시공과정에서 건축주의 의사를 좀 더 반영시키고 소외되지 않게 할 수 있는지에 대해 말씀드리려고 합니다. 우선 체크리스트를 만드십시오. 복잡하게 할 것 없이 아래와 같이 간단하게 하셔도 충분합니다.

구분	현재	건축	비고

체크리스트가 필요한 이유는 집 짓기를 옷으로 비유한다면 그동안 사셨던 아파트(공동주택)는 백화점에서 구입하는 기성복 같은 것입니다. 디자인, 사이즈, 가격을 염두에 두고 입어 보고 마음에 들면 사면 됩니다. 환불이나 교환도 간단합니다. 하지만 집 짓기는 맞춤복 같은 것입니다. 디자이너의 조언이나 트렌드 등을 참고하겠지만 결국 디자인, 옷감, 단추, 재봉 방법까지도 모두 선택할 수 있습니다. 심지어 집은 옷보다 선택해야 하는 종류가 더 많아서 체크리스트는 반드시 필요합니다. 옷을 사려면(집 짓기를 하려면) 자신의 몸 사이즈를 알아야 합니다. 어쩌면 가장 핵심적인 내용입니다. 많은 사람들이 자신과 가족의 신체 사이즈(라이프 스타일과 취향)를 모르고 있거나 생각조차 하지 않는 경우를 많

이 보았습니다. 옷을 맞출 때는 재단사가 사이즈를 측정해 주겠지만, 집을 지을 때는 자신이 직접 해야 합니다. 이러한 부분까지 체크리스트에서 같이 얘기해 보겠습니다.

1. 현재의 주거 공간을 파악하세요

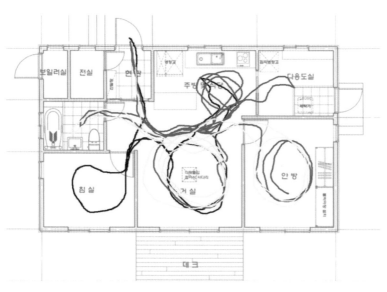

평면도(색상별 가족 동선)

살고 계시는 공간이 아파트라면 포털 사이트에 들어가셔서 조금만 검색해도 평면도를 어렵지 않게 구하실 수 있습니다. 쉽게 평면도를 구하기 어려운 주거 공간에 계시다면 A4용지에 직접 그리셔도 괜찮습니다. 평면도를 그리신 후에 가족들의 일일 동선을 색연필로 그려 보시기 바랍니다. 시간대별로 그리셔도 좋고 개인별로 색상을 달리해서 그리셔도 좋습니다. 작업 후에 보시면 선들이 가장 많이 있는 곳과 선들이 없는 곳이 눈으로 확연하게 구분이 되실 겁니다. 선이 많은 곳은 왜 많은지, 분산시킬 방법은 없는지에 대한 고민이 필요한 공간입니다. 반대로 선이 없는 곳은 왜 없는지, 집을 새로 지을 때 없어도 되거나 다른 용도로 사용해도 문제가 없는지에 대한 고민이 필요한 곳입니다. 이러한 고민을 하실 때에는 추가로 우리 가족들은 집에서 주로 무엇을 하는지? 어디에 모여 있는지? 가족들이 변해 주기를 바라는 것은 없는지? 그것을 공간으로 해결할 수는 없는지? 등에 대한 고민도 함께 되어야 할 것입니다.

두 거실 중 어느 거실이 가족 대화 시간이 많을까요?

예를 들어, 우리나라 모든 아파트의 거실은 대다수의 국민이 마치 약속이나 한 것처럼 같은 모습을 하고 있습니다. 벽면에 TV를 두고 그 앞에는 소파를 두는…. 아이들이 하교하자마자 TV가 바로 보이는 이런 환경을 개선하려고 TV를 없앤다고 가정했을 때, 동선은 어떻게 변할지, 소파의 위치는 어떻게 해야 할지, TV 콘센트와 인터넷 선의 위치는 어디에 두어야 할지, YouTube가 있는데 TV를 없애는 것이 효과가 있을지, 그동안 저녁 식사 후 TV를 같이 보며 하루 일과에 대해 얘기했다면 TV가 없을 때는 어디에 모이게 될지, TV 시청을 포기하고 얻은 시간을 어떻게 가족들과 사용할 것인지 등 TV 하나를 두고도 이렇게 많은 얘기를 할 수 있습니다. 저도 골치를 앓고 있는 스마트폰 검색의 경우도 가족과 함께 있는 시간만큼은 사용시간을 줄이기를 바라는데 어떻게, 무엇을 하면 좋은지에 대한 고민도 가족의 변화를 위해 공간의 도움을 받을 수 있는 좋은 예라고 생각합니다. 그 외에도 2층집을 계획하는데 사춘기 자녀가 2층을 사용할 예정이라면 계단의 위치가 현관과 가까운 것이 좋은지, 아니면 거실과 주방을 지나야만 2층으로 갈 수 있게 계단을 놓는 것이 좋은지에 대해서도 가족끼리 얘기할 것이 참 많이 있습니다. 이러한 주제로 가족 간에 대화를 하는 순간이 행복이고, Healing이며 이런 고민의 결과로 지은 집이 좋은 집입니다.

2. 상세 사이즈 측정하기

천장의 높이를 측정하기
에는 레이저 거리 측정기가
사용하기에 더 간편하지만
사진의 줄자도 괜찮습니다.
이 줄자를 이용해서 현재 거
주하고 계시는 모든 공간의

거리를 측정해서 평면도에 기입해 두시기 바랍니다. 두 가지 이유로 반
드시 필요한 과정입니다. 첫 번째 이유는 실제 공간감을 익히기 위함입
니다. 설계도면이 익숙한 건축사나 시공자는 숫자를 보고 공간의 크기
를 쉽게 인식하는 반면에 그렇지 않은 일반인들이 도면을 보면 숫자가
굉장히 많고 복잡해서 실제 내가 사용하는 공간을 계산하기 어렵고, 계
산한다고 해도 그 공간이 큰지 작은지 쉽게 인식하기 어렵습니다.

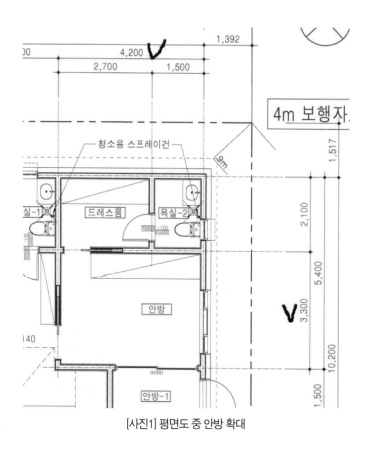

[사진1] 평면도 중 안방 확대

[사진1]은 실제 시공되었던 집의 평면도 중 안방 부분을 크게 확대한 사진으로, 도면을 자세히 보시면 안방의 크기는 3,300×4,200입니다. m로 환산하면 3.3m×4.2m의 크기로 13.86㎡(약 4.2평)입니다. 큰가요? 작은가요?

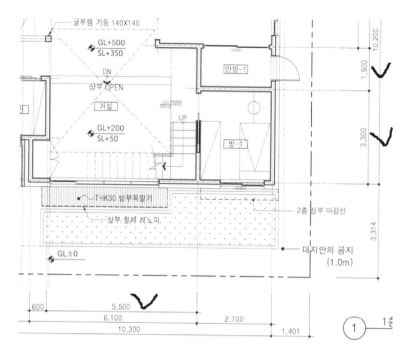

[사진2] 평면도 중 거실 확대

   [사진2]는 [사진1]과 같은 집인데 거실 부분을 확대한 것으로 거실의 크기는 (3,300+1,500)×5,500으로, m로 환산하면 26.4㎡(7.98평)입니다. 큰가요? 작은가요?

   면적 인식의 문제만 아니라 높이도 문제입니다. 상담을 하다 보면 "천장 높~게 해 주세요."라고 말씀하시는 분들이 계십니다. 설계하시는 분과 분명 얘기가 되어 도면에 적혀 있을 것이 분명한데도 제게 천장을 높게 해 달라고 하십니다. 그런데 도면을 보면 이해가 됩니다.

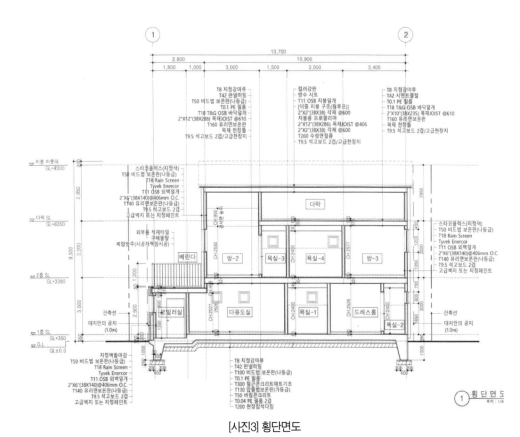

[사진3] 횡단면도

위에서 설명드린 평면도와 같은 집인데 총 8장의 다른 단면도 중 하나

입니다. 좌측 하단부를 확대해서 보여 드리겠습니다.

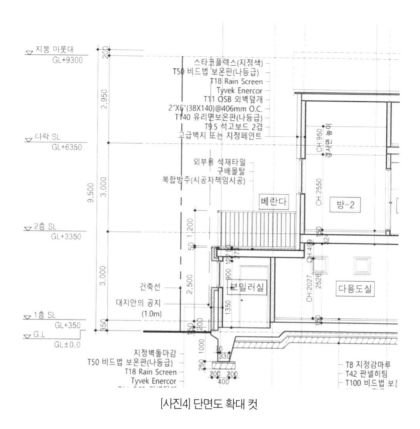

지붕 마룻대
GL+9300

스타코플렉스(지정색)
T50 비드법 보온판(나등급)
T18 Rain Screen
Tyvek Enercor
T11 OSB 외벽덮개
2"X6"(38X140)@406mm O.C.
T140 유리면보온판(나등급)
T9.5 석고보드 2겹
고급벽지 또는 지정페인트

다락 SL
GL+6350

외부용 석재타일
구배몰탈
복합방주(시공자책임시공)

베란다

방-2

2층 SL
GL+3350

건축선

대지안의 공지
(1.0m)

보일러실

다용도실

1층 SL
GL+350

G.L
GL±0.0

지정벽돌마감
T50 비드법 보온판(나등급)
T18 Rain Screen
Tyvek Enercor

T8 지정강마루
T42 판넬히팅
T100 비드법 보온

[사진4] 단면도 확대 컷

저 집의 천장 높이가 머릿속에 쏙쏙 들어오시나요? 물론 저 집은 내부가 복잡하고 도면에 표시된 내용이 많아서 더 복잡해 보일 수 있지만 건축과 관련이 없는 비전문가들이 도면을 이해하고 천장의 높이까지 잘 표시되어 있는지 알기 쉽지 않습니다. 이와 같은 이유로 현재 살고 계시는 익숙한 공간의 가로, 세로, 높이를 정확히 알고 계신다면 도면에 표시된 숫자를 보시더라도 당황하지 않고 "지금 안방보다 작으니 크게 해주세요." 혹은 "거실 천장은 지금 집이 2.4m인데 낮게 느껴지니 2.8m로

해 주시고 방은 2.4m로 해 주세요."의 요구가 가능해집니다. 듣는 입장에서도 건축주가 공간감을 인지하고 있다는 걸 알게 되면 더욱 적극적인 대화 참여의 의지가 생기게 마련입니다. 그러나 공간감이 없다고 느끼게 되면 공간에 대한 설명을 한참을 해야 하고 그러한 일들을 반복하다 보면 지치게 마련이라 서서히 소극적으로 바뀌게 되는 경우도 있습니다. 건축주가 새로 지을 집의 공간 크기에 대해 확실하게 인식하는 것은 결국 건축비에도 절대적 영향을 주게 됩니다. 천장이 높아지면 건축비는 상승합니다. 통상 2.4m까지는 한 개 층으로 건축비를 계산하지만 그 이상은 추가로 비용이 발생합니다. 높이뿐 아니라 누구나 좋아하는 질문이 "**평당**(면적당) 얼마예요?"입니다. 공간의 크기에 대한 인식 없이, 적당한 면적에 대한 고민 없이 무작정 면적을 넓히게 되면 건축비는 당연히 상승합니다. 반대로 예산에 맞추기 위해 활용도 분석 없이 마구잡이 식으로 면적을 줄인다면 결국 쓸모 없는 공간을 만들기 위해 건축비 전체를 낭비할 수도 있습니다. 면적에 대한 정확한 이해와 인식이 필요한 이유입니다.

두 번째 이유도 결국 면적이 주제이긴 하지만 조금은 다른 이유입니다. 건축도면에 표기되어 있는 숫자는 mm 단위로 표기되어 있고 길이를 표시하는 것은 맞지만 얘기하고자 하는 것은 길이 측정의 기준점입니다. 도면 숫자 그대로 안방 면적을 계산한 것과 공사 후 실제 사용하는 면적은 다릅니다.

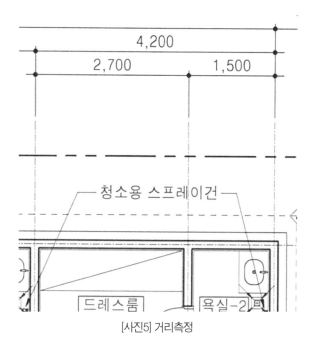

[사진5] 거리측정

  [사진5]에서 도면에 표시된 숫자의 세로선을 따라 내려가 보면 거리 측정의 기준선이 벽체의 중간에 있음을 알 수 있습니다. 예를 들어 벽의 두께가 20cm일 경우 그 중심이 되는 10cm를 기준으로 도면에 거리를 표시한 것이라, 도면의 숫자로 계산된 내부 면적과 실제 면적은 차이가 있습니다. 네 방향의 벽이 실제로는 실내로 10cm만큼 줄어든 것으로 계산해야 실제 면적이 됩니다. 구조재의 종류와 구조계산도면에 따라서 벽체의 두께가 결정되고 단열재 시공 방법 혹은 마감 방법에 따라 실제 사용 가능한 내부의 면적은 도면의 수치보다 훨씬 더 줄어들기도 합니다. 실제 황토벽돌을 2중쌓기로 50평대의 주택을 지어 드린 적이 있었는데 벽체의 두께가 50cm이다 보니 벽체 중심선 기준으로 내부의 모든 공

간이 25cm가 줄어 완공 후 실제 느끼는 면적은 50평에 미치지 못해 건축주가 당황하신 경우도 있었습니다. 콘크리트 주택의 경우도 내부에 단열재를 시공한 후에 석고보드를 시공하고 도배를 마감하게 되면 실제 내부 면적은 더 줄어들게 됩니다. 천장 높이도 마찬가지로 도면의 숫자만으로는 입주 후 가족들이 생활하게 될 때 느끼는 높이를 파악하는 것은 쉽지 않은 일입니다. 이렇게 도면에 기재된 숫자와 실제 나중에 보게 될 현실의 차이를 최소화시킬 수 있는 방법은 설계자에게 원하는 내부 공간의 크기를 알려 주시고 **마감선 기준**으로 도면을 작성해 달라고 말씀하시면 한 번에 해결됩니다. 그러기 위해서는 거실이나 안방, 서재 등 각 공간마다 건축주가 원하는 실내 면적을 설계자에게 요청하기 전에 지금 주거 공간을 기준으로 계획하는 공간의 면적과 높이 등을 명확히 인식해야만 가능한 일입니다. **House는 자재의 결합이지만 home은 공간의 결합입니다.** 이러한 개념을 미처 생각하지 못한 분들이 집을 몇 평을 지을지 고민하시는 것입니다. 〈손주까지 6명이니까 50평이면 충분하다〉라고 생각하시거나, 〈30평대 아파트에 살았으니 집도 30평을 지으면 된다〉라고 단순하게 생각하실 게 아니라 가족 중 누가 어떤 공간이 필요한지를 고민하고 그 공간이 가져야 하는 적절한 실제 면적에 대해 결론을 내린 후 도면을 보고도 면적에 대해 정확히 이해가 되는 바탕 위에서 가족들이 원하는 모든 공간이 합쳐질 때 그제야 전체 건축 면적이 계산되는 것입니다. 만약 계산된 면적이 너무 넓어 건축 예산을 초과할 거라 예상될 때, 앞서 설명드렸던 준비를 잘하신 분들은 전문가를 만나서 상담을 해도 원했던 자재의 grade를 낮추면 가능한 것인지, 공간의 배치를 변경하면 가능한 것인지, 면적을 줄여야 하는 것인지, 줄인다면 어디를 줄여야 할지에 대한 논의를 할 수 있으며 대화의 논점을 흐리지않고 해결책을 찾아가는 방향으로 대화를 할 수 있습니다. 반대로 예산이 여유롭다고 예상될 때도 같은 논리로 헛돈을 쓰시지 않을 확률이 굉장히 높습니다. 어떤 분야든 기초가 튼튼하면 응용은 어렵지 않습니다.

실제 현장 미팅에서 사용된 미니어처 주택(저자 촬영)

추천 TIP

가족 간의 대화로 각자의 공간이 결정되면 실제 두꺼운 도화지를 이용해서 박스를 만들어 보세요. 모눈종이에 평면도를 그리거나 A4용지에 자를 대고 그리는 것보다 훨씬 이해가 쉬우실 겁니다. 거실, 서재, 욕실, 안방, 안방2, 안방3, 드레스룸 등을 하나의 종이 상자로 만들고 2cm를 1m로 계산해서 종이를 자르시면 만들기도 쉽고 보기에도 좋습니다. 그렇게 만들어진 여러 개의 종이 상자를 여러 모양으로 블록 쌓기를 하듯이 배열하다 보면 결국엔 집이 완성됩니다. 보완해야 할 것도 많고 실제 설계에 반영이 되지 않을 수도 있으며, 결정한 모양이 여러 이유로 달라질 수도 있습니다. 같은 면적이라 하더라도 집의 벽체가 길어지면 공사비가 늘어나고 지붕 모양의 경우도 전문지식을 가지고 고려해야 할 사항이 많이 있습니다.

그러나 건축사 사무실에 많은 비용을 지불하지 않으면 보기 어려운 미니어처 주택을 저렴한 비용으로 가족들과 만들어 보는 것만으로도 큰 의미가 있고 만드는 과정에서 함께 웃으며 보내는 행복한 순간은 덤으로 얻을 수 있습니다. 실제 제 가족과 도화지로 집을 만들며 경험한 것이니 그냥 한번 해 보십시오. 수억 원을 들여 집을 짓는데, 이 정도의 노력은 절대 아깝지 않은 사간이 되실 겁니다.

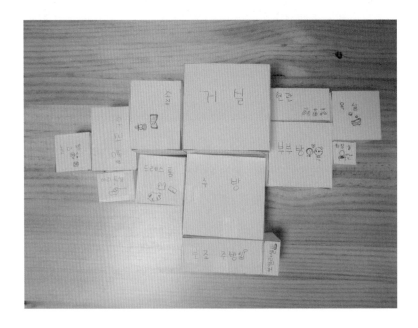

먼저 가족 회의를 거쳐 저희 가족이 원하는 공간을 취합한 후 각 실을 50:1 비율로 종이 상자를 만들고 아내가 처음으로 배치한 모습입니다. 종이 상자의 총 합산 면적은 40평 정도로 계단 등의 동선이나 남향집 등의 방향은 고려하지 않았습니다. 처음 배치를 하고 보니 아파트 평면도처럼 익숙한 모양이라 제가 아래 사진처럼 배치를 바꿔 봤습니다.

취침용 건물과 생활용 건물을 나누고, 두 집 사이에는 작은 정원을 만들자고 제안했더니 그 다음부터는 아이디어가 봇물처럼 쏟아져 나왔습니다.

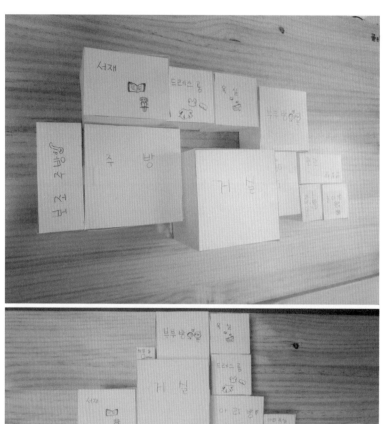

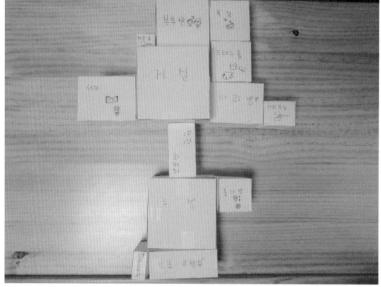

중정을 만들어 거실과 주방, 부부방에서 모두 보이게 만들자는 의견도

있었고 현관을 중심으로 주방과 놀이방만 별개로 하고 손님이 오실 경우 게스트룸으로 사용하면 좋을 것 같다는 의견과, 거실에는 TV는 두지 말고 놀이방으로 옮겨서 PS2와 펌프를 같이 설치하자는 얘기도 나왔습니다. 이외에도 정말 수많은 의견과 공간배치 방법에 대해 온 가족이 많은 대화를 나누었습니다. 종이 상자에 보이는 그림은 제가 시켜서 그린 것이 아니라 딸아이가 직접 그린 것입니다. 제가 종이를 자르면 아내와 아이는 테이프로 붙여 가며, 하나의 종이 상자가 완성될 때마다 놀이하듯, 회의하듯 아이와 아내의 얘기를 듣고 있던 상황이 직업으로 집을 상담할 때와는 또 다른 것이 표현하기 어려운 뿌듯한 느낌이었습니다.

아무튼 20여 가지가 넘었던 평면구성 중 저희 가족이 선택한 최종안

입니다.

　전망 좋은 넓은 욕실과 주방 앞 중정을 꾸밀 수 있는 공간도 마련하였습니다. 거실과 주방은 붙여서 넓게 사용하면서도 지붕의 높이는 달리해서 심심하지 않게 구성하였고, 거실만큼 서재의 천장도 높게 해서 답답함을 피하고 창의력을 높일 수 있게 구성하였습니다. 집 외부에 놀이방을 두어 TV를 보거나 PS2 등을 하여도 실내로 유입되는 소음을 줄이기 위해 노력하였고, 작은 화장실을 설치해서 손님이 오실 때는 편하게 쉬도록 배려하였습니다.

　집을 얘기하며 종이 상자를 만들 때부터 아내는 청소가 힘들다며 2층집을 원하지 않았고 저는 눈, 비를 피할 수 있는 주차공간을, 중학교 1학

년인 딸아이는 2층과 테라스를 갖고 싶어 하는 걸 알고 있었기 때문에 현관 위로 아이방만 올려서 2층으로 만들고 나머지 공간은 1층으로 하게 되면 아내도 아이도 만족할 수 있었고, 2층으로 올라간 아이방 아래 공간을 주차공간으로 사용할 수 있어서 저도 만족한 결과물이 나왔습니다. 테라스는 놀이방 위의 공간을 사용할 수 있도록 사진처럼 배치한 것이 이 집의 가장 큰 포인트이자 모두를 만족시킨 부분이기도 합니다. 이렇게 저희 가족의 종이 상자 집 짓기는 토요일 오후 반나절 만에 끝났지만, 집에 대한 이야기는 그다음 날까지도 이어졌을 만큼 온 가족의 기억 속에 잊지 못할 시간이었습니다. 이러한 시간을 가져야만 집의 크기가 정해지고 무엇보다 설계자를 만났을 때 건축주가 원하는 것이 무엇인지 요구를 할 수 있습니다. 설령 집을 짓지 않아도 가족들과의 즐거운 시간을 위해서 꼭 해 보시길 다시 한번 추천드립니다.

  체크리스트의 두 번째 항목으로 줄자를 이용하실 대상은 이사할 때 가지고 가실 가구와 가전제품과 새로 구입하실 가구와 가전제품의 size를 모두 기록해 주십시오. 가지고 계신 제품은 직접 측정하시면 되고 구입하실 제품은 온라인에서 간단하게 검색이 가능합니다. 이러한 측정이 필요한 이유는 실제 이사하는 날 문이 작아서 세탁기가 다용도실에 들어가지 않아 문을 뜯어내고 설치를 마친 사례가 있었습니다. 통돌이 세탁기는 용량이나 제조사별로 외부사이즈가 크게 차이 나지 않는 데 반해 드럼세탁기는 외부사이즈 차이가 많이 나는 편이라 설치 장소에 따라 출입문뿐만 아니라 상하수도의 위치나 수전의 모양 등 여러 가지가 같이 검토되어야 합니다. TV의 경우도 〈거거익선(巨巨益善)이 진리〉라는 말이 있을 정도로 대형 TV를 설치하는 경우가 많아졌습니다. 200만 원대 82인치 TV의 경우 가로 길이가 1.8m가 넘고 세로 길이도 1m가 넘어서 웬만한 크기의 벽체가 아니면 설치가 어려운 경우가 많고 모델에 따라 같은 제조사라 하더라도 설치 방법이 완전히 다른 경우도 있어서, 이를 미리 파악해 공사도 그에 맞게 준비해 주어야만 설치가 원활하게 진행됩니다. 주방의 경우 인덕션이나 음식물처리기는 물론, 소형가전의 숫자와 사용빈도, 주방 가구 설치 시 어디에 둘지 위치 등도 미리 예상 가능한 범위 내에서 계획을 세워 둔다면 기기에 맞는 다수의 콘센트 설치와 상하수배관, 단독 누전차단기 설치가 가능합니다. 특히 환기 후드는 모델에 따라 벽을 뚫거나, 천장에 보강부재를 설치해 주어야 하고 전기배선작업도 같이 이루어져야 하기 때문에 대비를 하는 것이 중요합니다. 가구도 같은 개념으로 접근하시면 됩니다. 예를 들어, 침대 옆에 작은 수납장을 두실 계획이라고 가정을 해 보겠습니다. 사람에 따라서 잠들기 전에 음악을 듣거나, 책을 보거나, TV시청을 하시거나, 스마트폰 시청을 일정 시간 한 후에 불을 끄고 잠에 드실 겁니다. 음악을 듣는 분이라면 오디오의 종류에 따라서는 전기가 필요하고 블루투스 스피커로 스테레오로 들으신다면 선반이 필요합니다. 책을 보시려면 조명이 필요한데, 조명의 형태가 수납장 위에 올려놓는 스텐드형이라면 콘센트만 있으면 되지만 침대 위 벽등의 형태로 설치하고 싶다면 침대의 위치와 크기를 알아야 미리 전기배선 작업이 가능합니다.

벽등이 설치된 침대

스탠드조명이 설치된 침대

TV 시청도 TV 설치를 벽에 하실 건지, 선반에 올려 놓으실 건지, 전용 지지대를 이용해 TV만 별도로 세워 놓으실 건지에 따라서 콘센트의 위치와 높이가 달라져야 합니다. 스마트폰 시청의 경우에는 셋탑 박스의 위치에 따라 와이파이 증폭기를 설치하거나 통신 배선을 고려해서 공사해야만 편하게 이용하실 수 있습니다. 또 잠이 들기 전 불을 끌 때도 기존의 방법으로 스위치를 끌 것인지, 박수 쳐서 끌 것인지, 리모컨으로 끌 것인지, OK구글에게 말로 끌 것인지, 시간이 되면 자동으로 꺼지게 할 것인지 등을 미리 결정해야 합니다. 이렇게 침대 하나를 놓고도 추가적으로 고민을 해야 할 것이 많이 있습니다. 음향 기기나 영상 기기 등 더 전문적인 취미를 즐기시는 분들은 제가 조언해 드릴 수도 없는 더욱 전문적이고 세심한 분야라 꼼꼼한 준비가 필요합니다.

영화 감상을 위해 천장에 설치된 빔 프로젝트(저자 촬영)

집의 기능적인 부분은 따뜻하고, 비 새지 않고, 물 쓰는 데 지장이 없으면 됩니다. 그런데 삶의 질을 얘기하거나 집이 주는 스트레스 같은 것들을 얘기할 때는 논점이 완전히 달라집니다. 벽걸이 TV를 설치했는데 검은색 투박한 전선이 계속 눈에 거슬리는 것, 냉장고와 주방 가구 사이에 팔이 하나 들어갈 만큼 넓은 틈이 있어 먼지가 쌓이는 것, 주방에 멀티탭이 어지럽게 보이는 것 등. 이외에도 유사한 많은 것들이 스트레스 유발 요인으로 작용합니다. 그러나 그 범위가 넓고 당사자가 아니면 알 수 없는 것들도 많기 때문에 현실적으로 이런 부분들은 건축주가 직접 챙기지 않으면 아무도 신경 쓰지 않습니다. 이렇게까지 집에 대해 세심하게 신경 쓰지 않는 분이라 하더라도 제가 지어 드렸던 집에 시간이 지나 다시 방문해 보면 그대로인 집은 없었습니다. 거주하는 사람이 편한 대로 분명 변해 있었습니다. 아마 그래서 〈집을 완성시키는 사람은 주인이다.〉라는 얘기가 나온 것이 아닐까 생각해 봅니다. 살아 보니 불편해서 자신이 편하게 바꾸며 사는 것은 좋은 일이지만, 입주할 때부터 불편함이 시작되는 일은 없어야 하겠습니다.

3. 집에 보이는 모든 것들 적어 두기

다음으로 체크리스트에 기재할 사항은 가구와 가전제품을 제외한 집에 보이는 모든 것을 적으시면 됩니다.

[사진6] 주택 내부 참고 사진(저자 촬영)

[사진6]의 거실에서 가구와 가전제품을 제외한다면 어떤 것이 있을까요? 마루, 시스템창호, 벽지, 방문, 방문 경첩, 몰딩, 걸레받이 정도가 보입니다. 사진에 보이는 것 외에도 현관의 경우 현관문, 현관바닥타일, 벽지, 천장벽지, 조명, 중문 등이 있을 것이고, 다른 곳도 실제 보시면서 하나하나 기입하시면 됩니다. 가지고 계신 체크리스트에 기재하실 때는 방과 거실, 화장실, 현관, 다용도실 등으로 구분해 놓으시면 나중에 편리합니다. 이렇게 적어 두는 이유는 공사를 접해 보신 분들은 아시겠지만, 골조공사가 끝나고 내부공사가 시작되면 건축주에게 빨리 자재를 결정해 달라는 요구가 내내 이어지고, 특히 공사 막바지에 가면 도배업체, 마루업체, 타일업체(주방타일포함), 가구업체들이 엄청난 양의 샘플을 들고 와서 결정을 재촉하기를 반복합니다. 이분들이 동시에 와서 미팅하고 그 자리에서 샘플들을 대조해 보며 결정하면 그나마 실수할 확률이 줄어드는데, 보통은 업체별로 따로 만나게 되고 작은 크기의 샘플을 수십 개를 보다 보면 나중에는 뭐가 예쁜지 안 예쁜지도 모호해지게 돼서 결정장애(?)에 빠지게 됩니다. 그러면 대체로 도배지 중에 제일 마음에 드는 것, 마루 중에 예쁜 것, 타일 중에 괜찮은 것을 결정하게 되는데, 이렇게 집이 완성되면 벽지와 마루가 따로 놀고, 주방 타일과 주방 가구는 전혀 어울리지 않는 상황이 되고 거기다 입주 후 살림살이까지 제자리를 찾으면 예쁜 인테리어는 남의 집 얘기가 되어 버리는 경우가 다반사입니다. 하지만 Check List를 만들어 두고 각 항목별로 이사 후 가져가실 가구와 벽지, 바닥재의 색상 조합을 미리 준비해 두시고, 화장실의 경우 수도꼭지와 변기 모양, 샤워부스 유리의 색상 등이 잘 어울리는 타일의 패턴이라도 미리 정해 두신다면 입주 후에도 원하셨던 예쁜 집을 가지

실 수 있습니다.

인테리어를 잘하는 쉬운 방법은 눈에 가장 많이 보이는 볼륨감(큰 물건)이 있는 물건을 기준으로 잡고 그것을 기준으로 색상을 조합해 가면 의외로 쉽게 할 수 있습니다.

저자 시공 주택

이사 후 안방에서 사용할 **원목 침대와 원목 의자를 기준**에 두고 커튼 대신 전통 들창을 시공하여 원목 침대와 어울리면서도 자칫 심심할 수 있는 공간에 포인트를 주었고, 한지 대신 광목을 붙여서 실용성을 높이면서도 한결 은은한 분위기를 연출하였습니다. 마루는 무게감을 주기 위해 한 톤 낮은 원목 마루를 시공해서 안정감을 주지만 의자나 침대와 같은 나무 재질이라 이질감이 없으며, 벽지는 원목보다 한 톤 밝게 해서 전체적으로 깔끔하면서도 밝은 분위기를 연출하였습니다. 침실이라면 침대, 서재라면 책상이나 책꽂이, 주방이라면 주방 가구나 주방 가전, 화장실이라면 세면대나 수전 등을 기준을 잡고 하나씩 맞추어 나간다면 전문가 수준은 아니라 하더라도 그리 어렵지 않게 만족할 수준의 인테리어를 완성할 수 있습니다. 건축공사를 마무리하고 입주 청소를 할 때 가구나, 전자제품 등이 아무것도 없는 모습을 머릿속에 상상하시고 거기에 맞는 색상 톤의 자재들을 하나하나 채워 넣으신다고 생각하시면 한결 쉽게 실타래를 풀 수 있습니다.

4. 라이프 스타일 분석하기

언제, 어느 때 좌식 생활이 편하신지, 입식 생활이 편하신지를 체크해 두시고 건축에 반영하시면 건축비도 절약하면서도 더 편안하고 만족하는 집을 가지실 수 있습니다.

> 사람은 건물을 만들고 그 다음에는 건물이 우리를 만들어 간다.
> - 윈스턴 처칠

> 하나의 건물을 만든다는 것은 하나의 인생을 만들어 내는 것이다.
> - 루이스 칸

이런 류의 어려운 말을 많이 들어 보셨을 겁니다. 그런데 여러분들이 집을 준비하고 집을 짓는 데도 도움이 되는 얘기입니다. 왜 도움이 되는지 제가 쉽게 설명드리겠습니다.

우리나라의 한옥과 서양의 주택입니다. 누가 보더라도 전혀 다른 양식의 집인데, 왜 다를까요?

저 질문 하나로 책 한 권을 쓸 수 있을 정도로 엄청나게 많은 이유가 있지만, 제가 설명드릴 부분은 좌식과 입식에 직접적으로 영향을 준 난방 장치와 그에 파급효과로 만들어진 창의 높이와 처마의 길이로 한정해서 설명드리겠습니다. 우리나라도 바닥 난방이 보편화되지 않았던 조선 초기까지는 입식 문화가 보편적이었다고 합니다. 추위로 인해 신분에 관계없이 본격적으로 온돌이 널리 보급, 확산되면서 점차 좌식 문화로 변화하기 시작한 것입니다. 바닥이 따뜻하니 앉아서 생활을 하게 되었고 이러한 생활방식의 변화가 건축에 영향을 줘서 앉아 있을 때 눈높이에 맞게 창의 높이도 내려서 설치하게 되었습니다. 창이 낮게 있으니 출입도 수월해져 창으로 다니는 비중이 점점 늘어나게 되었고, 그러다 보니 창과 문의 경계가 점점 희석되어 우리는 창을 얘기할 때도 '창문'이라고 붙여서 얘기하게 되었습니다. 좌식 생활의 영향으로 이렇게 낮게 창이 있다 보니 유리가 없던 시절 창호지와 나무를 보호하기 위해 처마의 길이는 점점 길어지게 되었고, 무한정 길게 할 수는 없으니 여름과 겨울의 태양빛을 고려하여 처마를 살짝 들며 처마가 길어지는 방식으로 마무리가 된 듯합니다. 서양의 경우 반대로 벽난로로 공기를 데우는 대류 난방을 사용하기 때문에 공기는 따뜻하지만 바닥은 차갑습니다. 차가운 바닥에서 잠을 청하기 어렵기 때문에 침대를 사용하게 되었고, 침대에 누웠을 때의 눈높이에 맞춰 창도 설치되었습니다. 이렇게 창이 높게 있다 보니 처마가 굳이 길어야 할 필요가 없었고, 오히려 태풍 등의 영향으로 창은 크지 않으면서 덧창을 설치하는 것으로 발전하게 되었습니다. 사진의 두 집의 창을 비교해 봐도 벽의 면적에서 차지하는 비율을 보면 차이가 많이 나는 걸 알 수 있습니다.

재미없는 역사 얘기를 길게 하는 이유는, 만약 여러분들 중에 아파트에서 침대 생활을 하고 있지만 나는 좌식 생활이 편하다고 느끼시는 분들이 있다면 굳이 큰 면적이 필요하지 않기 때문입니다. 한옥의 사랑방은 잠을 자면 침실. 책을 보면 서재, 밥을 먹으면 식당이 되는 공간이었습니다. 같은 이유로 좌식 생활이 편하신 분들은 침대, 소파, Tea table, 식탁, 식탁의자가 없어도 생활에 큰 불편함을 못 느끼십니다. 그런데 이 물건들을 사용하기 위해 필요한 면적은 동선을 포함해서 약 5평 정도입니다. 즉, 건축면적 5평을 줄여도 불편함이 없습니다. 평당 600만 원의 건축비를 예상하셨다면 최소 3,000만 원을 절약하실 수 있습니다. 예산을 떠나서 생각을 바꾼다면 5평의 면적은 다른 용도로 충분히 사용할 수 있는 공간입니다. 집 전체를 좌식이나 입식으로 통일할 필요도 없습니다. 연세가 높을수록 입식 생활이 편하다고 합니다. 저의 부모님도 낮 시간에는 소파에서 생활하지만 잠은 바닥에서 요를 깔고 주무십니다. 만약 제 부모님의 스타일에 맞춰 창을 설치한다면 거실도 전망을 위해 바닥까지 내려오는 큰 창을 설치하고 안방도 바닥까지 내리거나 한옥의 머름처럼 바닥에서 45cm

높이에 큰 창을 설치해 드려야 전망도 즐기시고 누워 계셨을 때 사생활도 보호하는 역할을 할 것입니다. 입식과 좌식의 결정은 단순히 침대가 있고 없고의 문제가 아니라 처마의 길이, 창의 위치와 크기 거기에 따르는 건축비까지 많은 것들이 같이 엮여 있는 문제임을 인식하셨으면 좋겠습니다. 이렇게 설명드리면 간혹 나는 입식이 편한지 좌식이 편한지 모르겠다고 하시는 분들이 있습니다. 확인하는 방법은 의외로 간단합니다. 아빠들이 거실에서 TV를 볼 때 소파에 앉아서 보는지, 바닥에 앉고 소파에 기대서 보는지를 생각해 보면 쉽게 확인이 가능합니다. 가족의 스타일을 살펴보려면 식탁 위를 보시면 됩니다. 식탁 위에 평상시에도 약봉지, 가계부 등 다른 물건들로 가득 차서 식사 시간에 "여보, 밥 먹게 상 펴 주세요." 하면 좌식이 편하신 겁니다. 생활습관의 분석은 실외에도 적용됩니다.

데크 위 야외용 테이블(사진 제공: 고향마을)

보통 주택을 마무리하고 나면 외부에는 사진처럼 데크를 깔고 테이블을 가져다 놓거나 저희에게 만들어 달라고 부탁하십니다. 테이블을 만들어 드리는 것은 어렵지 않습니다. 그런데 시간이 조금 지나 그 집에 방문을 해 보면 애물단지가 되어 있기 일쑤입니다. 처음에는 야외에서 차도 마시고 친구들이 오면 담소도 나누는 것으로 몇 번 사용하지만 시간이 조금만 지나도 매번 한 손에는 커피잔을 들고 다른 한 손에는 걸레를 들고 가서 닦고 난 후에 앉아야 하기 때문에 사용 빈도가 확 떨어집니다. 더구나 데크의 경우 설치 비용이 생각보다 싸지 않고 건축비와 별도로 계약하는 경우가 많아 추후 추가 비용도 지급하여야 합니다. 데크의 용도가 집의 미관을 위해서라면 이해할 수 있지만 그렇지 않다면 아주 조금하시거나 아주 넓게 하셔야 가성비나 활용도가 높아지기 때문에 테이블을 놓기 위해 데크를 시공하시는 경우에는 많은 고민이 있어야 하는 부분입니다.

그러나 다음 페이지의 사진처럼 파고라를 설치하게 되면 활용도가 테이블보다 확실히 높습니다. 가벼운 비를 피하는 데도 무리가 없고, 여름에는 햇볕도 걱정 없고 무엇보다 잠시 쪼그리고 앉아서 텃밭 일을 하고 난 이후에 허리를 쭉 펴서 눕거나, 텐트를 치는 번거로움 없이 여름철 모기장을 치고 잠을 잘 수도 있기에 때문에 테이블과는 활용도 면에서 비교가 안 됩니다. 그리고 사진처럼 많은 비용을 들여 데크를 설치하지 않고 그냥 땅 위에 고정해도 파고라 이용에는 불편함이 없기 때문에 비용 측면에서도 더 이익입니다. 파고라도 비싸다고 생각이 드신다면 넓은 평상 하나만 두어도 생활에 불편함이 없습니다. KBS프로그램「한국인의 밥상」에서처럼 평상에서 밥을 먹으면 고추장에 상추쌈을 먹어도 맛있기만 합니다. 〈좌식이 더 좋다〉는 얘기를 하기 위해 길게 설명드린 것이 아닙니다. 우리나라 많은 분들이 바닥 난방 문화에서 입식 생활을 하고 계시기 때문에 사고의 틀을 깨 드리고 싶었고, 생활의 방식이 건축을 어떻게 변화시키고 어떻게 반영되는지 알려 드리고 싶었습니다. 이러한 고민을 통해 자신과 가족들이 편하게 집을 누리면서도 비용적으로도 합리적인 방법을 찾는 것이 진정 홈 플랜(home plan)입니다.

주택에 설치된 파고라(사진 제공: 고향마을)

5. 로망과 현실을 구분하기

주택을 짓는다는 것은 어찌 생각
하면 로망을 현실화시키는 것이지
만 그 현실은 펜션에 가서 며칠을 놀
다 오는 게 아니라 매일 그 환경과
부대끼며 살아야 하는 일상으로 여
러 로망 중에 신중하게 결정하셔야
할 것들에 대해 체크가 필요합니다. 전원생활을 오래하신 분들 사이에서
회자되는 얘기 중에 이런 말이 있습니다. 〈전원주택에 살면 절대로 이길
수 없는 전쟁이 있는데, 하나는 잡초와의 전쟁, 다른 하나는 벌레와의 전
쟁이다.〉 겪어 보지 않은 분들은 얼마나 힘든지 체감하지 못하십니다.

신분제가 존재했던 시대의 우리 조상님들이 한옥 마당을 비워 두신 이
유가 있을 겁니다. 한옥에서 마당이 가지는 의미 등을 얘기하자는 것이

아니라 마음만 먹으면 관리가 가능했음에도 마당을 비워 두셨다는 얘기를 하고 싶습니다. 반면 앞의 다른 사진을 보면 마당에 온통 잔디를 심어 두었습니다. 개인의 취향이니 제가 뭐라고 할 것은 없지만, 우리나라 어머니들은 집과 가까이 있는 곳이라 가족 건강을 위해 제초제도 뿌리지 않으시고 한 여름에도 쿨 토시에 썬 캡을 쓰시고 하루 종일 손으로 잡초를 뽑으십니다. 그런 일을 하고 싶어서 전원주택을 지으신다면 몰라도 관리가 쉽지 않다는 것은 꼭 알고 계셔야 합니다.

여름에 잔디가 있다면 겨울에는 장작이 있습니다. 가마솥을 사용할 수 있는 아궁이를 만들어 달라고 하시는 분도 있고, 찜질방처럼 장작으로 불을 때는 방을 요구하시기도 하고, 벽난로를 얘기하시는 분도 계십니다. 이 역시 잔디와 같은 조언을 드리고 싶습니다. 장작을 장만하는 일이 그렇게 만만하지 않습니다.

인근 산에서 땔감을 구하
는 것은 한계가 있기 때문에
보통은 땔감 전문업체에서
구입을 하는데 사진처럼 쪼
개 놓은 것은 가격이 더 비
싸고, 싼 가격으로 구입하기
위해 원목으로 받게 되면 가격은 조금 저렴하지만 뒷일이 굉장히 많아집
니다. 여행 가서 잠시 체험으로 장작을 패는 것과 생활로 도끼를 잡는 것은
일의 강도가 확연히 다릅니다.

　내부 생활로 주제를 바꿔서 2층집을 계획하시는 분들은 2층이 꼭 필
요한 것인지에 대해서도 상당한 시간을 들여 고민하셔야 합니다. 전원
주택에서 가장 흔한 집이 30평대 2층집입니다. 1층은 20평대로 하고 2
층은 10평대로 주로 지어지는데 연세가 조금 있으신 분들이 전원주택을
지으시면 대부분 이렇게 2층집을 계획하십니다. 이유를 물어보면 자식
들은 장성해서 같이 살지는 않고 집을 짓게 되면 평상시에는 부부가 1층
20평대에서 생활하고, 휴가나 명절 때 자식들이나 그 가족이 오면 편하
게 2층을 사용하게끔 공간을 구성했다고 설명해 주시는 분들이 많습니
다. 그럼 저는 1초도 고민 안 하고 말씀드립니다. 〈자식들 안 옵니다.〉
이 말을 들으시면 쓸쓸하게 웃으시지만 제 설명을 듣고 나면 공감하십
니다. 예를 들어, 자식들을 위해 2층을 13평 정도로 짓는다고 가정하면
평당 600만 원일 때 7,800만 원이 소요됩니다. 그런데 자식들 왔을 때
〈새아가! 아빠가 너 편하게 지내라고 2층을 준비했다. 자주 오려무나.〉

라고 얘기하는 것과 2층을 과감히 포기한 채 현금 7,800만 원을 통장에 두시고 휴가나 명절 때 사위나 며느리가 올 때마다 고생했다며 기름값에 보태라고 용돈을 100만 원씩 주고 인근 특급호텔에 방값을 결제해 주고 저녁식사 후에는 호텔 가서 쉬라고 얘기하는 부모님을 비교해 보면 어느 집에 자식들이 자주 갈까요? 코로나 사태 전이지만 매년 명절 때 해외여행객이 신기록을 이루는 게 요즘이고 시집간 딸들도 자기집이 편하다고 얘기하는 게 현실입니다. 할아버지 할머니도 돈이 없으면 대접을 못 받는 세대입니다. 당장 제 딸도 명절날 할아버지 보러 가서 기쁘다는 얘기보단 이번에 용돈 얼마를 받을 수 있을까를 더 궁금해합니다. Wi-Fi 안 된다고 명절날 오랜만에 할아버지 집에 가서도 PC방 가는 게 요즘 세대입니다. 시대가 변한 것을 인지하시고 계획을 세우셔야 합니다. 또 2층집은 건축적으로도 함정이 있습니다. 보통 30평대 아파트에 사셨던 분들이 같은 평형의 2층집이 완성되고 나면 주 생활공간이 되는 1층이 너무 작다고 말씀하십니다. 그 이유는 아파트의 경우 분양면적에 주차장이나 엘리베이터, 비상계단 등이 포함되어 있기 때문에 그런 것이 없는 주택을 지으면 굉장히 넓을 것이라는 기대를 하시지만, 실제 그렇지 않습니다. 아파트는 공용면적이 빠진 대신 서비스면적이 있고 단층으로 펼쳐져 있어서 30평을 한 층으로 누리는 반면, 주택의 경우 같은 30평이라 하더라도 30평을 1층과 2층으로 나눈 후에 현관과 중문 사이의 공간, 1층에 화장실 2개, 계단(UP, DOWN), 보일러실, 다용도실을 제하고 2층에 화장실 1개와 작은 복도라도 두게 되면 총 9곳의 공간이 대체적으로 설치되는데, 이렇게 반드시 일정 수준 이상의 면적을 차지하는 ZONE이 생기게 되어 실제 사용하는 면적은 아파트의 그것보다 작은 경우가 더 많이 발생합니다. 또 평소에 2층을 잘 사용하지 않으면 청소를 하기 위해 오르내리는 것도 쉽지 않고 계단은 비좁은 공간으로 인해 걸레질도 더 어렵습니다. 2층 주택은 난방비도 고려해야 합니다. 1년에 몇 번 오지 않을 사람들을 위해 한겨울에도 동파방지를 위해서 보일러를 주기적으로 틀어 주어야 합니다. 2층의 관리뿐 아니라 1층의 난방도 문제입니다. 더운 공기는 위로 상승하기 때문에 1층에서 난방을 해도 계단실로 1층의 온기가 2층으로 빠져나가 1층 거실은 자주 난방장치를 틀어야 하기 때문에 난방비가 많이 듭니다. 2층을 잘 쓰지는 않지만 2층집을 계획 중이시라면 난방비가 많이 들 수 있으므로 계단 입구에 중문을 설치하시면 도움이 됩니다.

2층 계단실 입구에 설치된 중문
냉난방비를 줄이는 데 도움을
준다(저자 촬영)

이렇게 설명드리는 것은 2층이 있으면 관리도 어렵고 불편한 것이니 짓지 말라고 드리는 말씀이 아닙니다. 오히려 2층 주택을 권하는 경우도 있습니다. 만약, 산을 절개해서 계단식으로 형성된 토지에 집을 지으려고 하는데 앞집이 이미 2층으로 지어서 전망을 가리고 있다면 고민할 것 없이 2층으로 지어야 합니다. 전망 때문에 2층을 지어야만 하는 경우에도 고정관념에서 벗어나지 못하고 1층에는 부부가 거주하고 2층은 자식들을 위한 배려의 공간으로 비워 둘 것이 아니라, 전망을 위해 2층을 짓는 것이므로 주 생활공간을 2층으로 하되 출입이 용이하게 설계하고 평소 잘 사용하지 않는 자식들의 공간은 1층으로 내리는 것도 좋은 방법입니다. 이렇게 상황에 맞는 고민이 필요합니다. 별채 건축도 만족도가 높습니다. 1층으로 지어도 전망에는 문제가 없고 2층을 원하지는 않지만 손님이나 자식들을 위한 공간도 필요하다고 생각하시는 분들에게는 추천합니다. 별채는 본채와 공간이 완전히 분리되어 있고 현관에 잠금 장치가 있기 때문에 손님이나 자식들이 와도 편하게 쉴 수 있습니다. 평상시에는 과도한 짐이 필요 없는 음악실이나 다실 등으로 활용이 가능하고 무엇보다 방문객으로 인해 나의 생활패턴이 변하지 않아도 되는 좋은 점이 있습니다. 앞서 얘기했듯이 집은 정답이 없습니다. 우리 가족이 결정하는 것이 정답입니다. 다만, 가족들과의 논의 과정에서 놓치기 쉬운 부분들이 있을 수 있으니 제가 체크리스트로 한번 알려 드리는 것입니다.

6. 불편한 현재 생활 체크하기

집을 짓고 나서 기존의 불편함을 반복하지 않기 위해서는 반드시 필요한 사항합니다. 멋진 차를 새로 뽑고 애지중지하셨던 경험이 있으실 겁니다. 6개월이 지나면 새 차를 받았을 때의 감흥은 사라지고 그 후에는 자동차는 그저 고장 없이 잘 달리고 잘 서고 운전하기 편하기만 하면 최고의 차가 됩니다. 집도 똑같습니다. 멋진 집이라도, 사는 내내 감탄하며 살지도 않고 그렇게 고민해서 골랐던 지붕은 쳐다보지도 않습니다. 비 안 새고, 하수 안 막히고, 내 가족이 편하면 제일입니다. 새집의 설렘은 잠깐이지만 불편함은 오래갑니다. 라이프 스타일의 문제가 아니라 보편적이고 일반적인, 누구에게나 해당되는 불편함은 없어야 합니다. 예를 들어, 샤워를 하고 있는 중에 누군가가 설거지를 한다거나 세탁기를 돌리는 바람에 갑자기 뜨거운 물이 나오거나 차가운 물이 나와서 놀란 경험이 있을 겁니다. 성인이라도 깜짝 놀랄 일입니다. 그런데 상상하기도 싫고 절대 없어야 할 일이지만, 만약 오랜만에 놀러 온 손주를 씻기는 중에 갑자기 뜨거운 물이 나온다면 어떻게 될까요? 안타깝지만, 실제 일어나는 안전사고입니다. 욕실 바닥이 미끄러운 것은 간단하게 해결이 가능하지만 이러한 갑작스러운 수온의 변화로 인한 화상 사고는 처음부터 설비 작업에 신경 쓰지 않으면 수정이 불가능한 경우가 대부분입니다. 급격한 수온 변화가 발생하는 원인은 상수도파이프 하나에서 욕실, 주방, 세탁실 등으로 마치 나뭇가지가 뻗어 나가듯 배관을 중간에서 연결했기 때문에 동시에 두 곳 이상에서 물을 사용할 경우 수압이 떨어져서 발생하는 것입니다. 그러나 집에 들어오는 상수도 Main파이프에서 1:1로 각 실별로 단독배관을 하게 되면 개선이 가능합니다. 공사를 시작하기 전에 미리 협의하면 큰 비용이 들지도 않습니다.

상수도 못지않게 생활에 밀접한 관계가 있는 전기의 예를 들자면, 요금을 아끼기 위해 조명을 켜지 않고 생활하시거나, 개별 스위치가 있는 멀티탭을 구입하셔서 사용하시는 경우가 많은데 매번 개별 스위치를 켜고 끄기가 번거로울 뿐 아니라 미관으로도 보기 좋지 않고 청소가 용이하지 않은 곳에 장시간 사용할 경우 화재의 위험도 있기 때문에 사용 시 불편함이 있습니다. 그런데 조명을 꺼 두거나 멀티탭을 사용한다고 전기요금을 아끼는 데 얼마나 큰 효과가 있는지에 대해 의문을 품는 분도 계실 겁니다. 그간의 불편함과 노력에 비해 전기요금 절약효과를 체감하기에는 분명 부족한 부분이 있습니다. 이럴 경우에는 누전차단기의 배선 방식을 바꾸거나 일괄소등 스위치, 대기전력차단 콘센트를 설치해서 보다 확실하게 개선이 가능합니다. 일괄소등 스위치나 대기전력차단 콘센트는 아파트에서 경험해 보신 분들이 많이 계시기 때문에 이 두가지 제품은 단독주택에도 얼마든지 설치가 가능하다는 정도의 설명으로 생략하겠습니다. 누전차단기는 통산 전열과 전등으로 구분한 후 각 전선을 하나의 누전차단기를 사용하는 것이 가장 흔하고 지금도 대부분 그렇게 시공합니다. 그러나 전열, 전등과 같은 전기 용도의 기준으로 누전차단기를 설치하지 말고 공간을 기준으로 누전차단기를 하나만 사용하는 방식으로 변경하면 훨씬 편리합니다. (에어컨이나 인덕션 등은 별도의 누전차단기를 사용하여야 합니다.) 전기요금은 전기제품을 사용하지 않는 것도 중요하지만 대기전력 줄이는 것이 더 효과적입니다. 예를 들어, 전기 용도의 기준으로 전열과 전등을 하나로 묶어 누전차단기를 설치하면 평소에는 잘 사용하지 않는 손님방이 있을 경우 전등과 그 방에 있는 가전제품은 항상 대기전력을 소모하고 있지만, 손님방의 전등과 전열을 같이 하나로 묶어 누전차단기에 연결할 경우에는 해당 누전차단기를 내리게 되면 그 방의 모든 대기전력은 0가 됩니다. 이렇게 배선 방식을 변경하게 되면 수리도 편리합니다. 만약 콘센트에 관련된 누전차단기가 떨어진 경우, 기존 방식은 원인을 찾기 위해 모든 콘센트를 검사해야 합니다. 집 전체 콘센트에 테스터기를 꽂아서 검사도 해야 하지만 사용 중인 모든 가전제품의 고장 여부도 확인해야만 수리가 가능합니다. 많은 시간과 노력이 있어야만 하고 고장의 원인을 찾아 누전차단기가 정상적으로 작동할 때까지 다른 제품까지도 사용은 불가능하기 때문에 불편하지만, 공간별 배선 방식은 누전차단기가 떨어진 그 방만 확인하면 되기 때문에 고장의 원인을 찾기에도 수월하고, 손님방의 누전차단기가 떨어졌다고 해도 그 방 외부에 있는 김치냉장고나 정수기 등은 정상적으로 작동하기 때문에 불편함을 최소화시킬 수 있습니다.

계단 높이의 경우도 마찬가지입니다. 계단 한 칸의 높이는 보통 18cm

를 넘지 않게 하고 4계단이 넘으면 피로감을 느끼기 때문에 손잡이 등을 설치하지만, 그 높이를 5cm만 낮추고 계단의 깊이를 5cm만 늘려도 무릎에 오는 피로감이 확연히 줄어들고 계단에서 잠시 쉬어야 할 경우가 발생해도 훨씬 편하게 앉을 수 있습니다. 만에 하나 계단에서 넘어지시더라도 넓은 계단과 덜 가파른 경사도로 인해 심각한 안전사고의 위험도를 조금이나마 낮추는 효과도 기대할 수 있습니다.

이외에도 우리나라는 왼손잡이용 냉장고가 없기 때문에 냉장고 위치에 따른 작업 동선과 싱크대의 위치를 고려하여 레이아웃을 하는 것이 좋고, 붙박이장의 경우도 기성품의 경우 내부 깊이가 58cm라서 이불 넣었을 때 문이 닫히지 않는 경우가 있지만 70cm만 되어도 그런 걱정은 하지 않아도 됩니다. 붙박이장 회사에 내부 깊이를 70cm로 제작해 달라는 말 한마디가 이불을 보관하는 내내 편리함을 줍니다. 화장실도 좌변기에 정조준(?)이 되지 않아 남자 사람의 흔적들이 널려져 있음에도 물도 잘 내리지 않아 청소를 자주 해야 하는 불편을 느끼셨다면 커버가 있고 청소도 쉬운 가정용 소변기를 설치하는 것도 좋은 방법입니다. 또 화장실의 경우 사소한 불편이지만 욕실 실내화의 윗부분이 문을 열고 닫을 때 걸려 불

욕실 실내화가 문에 닿는 경우
이용 시 매번 불편함이 크다(저자 촬영)

편한 경우에도 집을 지을 때 높이를 10cm 간격만 두어도 전혀 불편하지 않습니다.

이렇게 그동안은 잘 모르고 혹은 익숙해져서 불편함을 인지하지 못하고 살았지만 조금만 생각하고 대비한다면 큰 비용 없이도 훨씬 삶의 질을 높일 수 있고 좋은 집의 방향을 자재나 시공법이 아닌 지금의 불편함을 개선하고 거기에 포커스를 집 짓기를 준비한다면 그 집이 주는 만족도는 시간이 지남에 따라 더 높아질 것입니다.

7. 가까운 미래를 대비하기

사람은 누구나 나이가 들수록 쇠약해지기 마련입니다. 건강을 위해서 운동하는 것이 아니라면 노동의 시간은 줄여야 하고 바른 자세와 근력을 생각해서 보조기구를 사용하는 것이 당연합니다. 이러한 생각을 가지고 현관의 공간과 가구 구성을 생각해 보면 최신 Trend와는 차이가 있습니다. 근래 가장 많이 하는 현관의 모습은 신발장을 바닥 면을 기준으로 25cm 정도 높이에 설치한 후, 하부공간에는 앵글부츠를 편하게 수납할 수 있게 공간을 만들고, 직접 보이지 않게 간접조명을 설치해 화사한 분위기를 표현하는 경우가 많습니다. 그러나 보기에는 좋지만 웅크리고 앉아 신발끈을 묶거나 신발을 신을 때 무언가를 잡지 않으면 불편하신 분들에게는 멋진 분위기의 간접조명보다는 높이에 맞고 체중을 실어도 튼튼한 손잡이나 힘있게 앉아도 움직이지 않는 고정형 의자가 훨씬 더 유용합니다. 외출 전 현관의 편한 의자에 앉아서 신발을 신는다면 잠깐이라 하더라도 아픈 무릎을 쉬게 해 주는 용도로 매우 유용하게 사용할 수 있기 때문에 충분히 고민할 필요가 있는 아이템입니다.

장난꾸러기 손주가 있다면 내부나 외부의 벽체 마감재도 생각해야 합니다. 아이의 엄청난 낙서에 대비해서 오염에 강한 자재를 찾는 것이 아니라 과감하게 생각을 바꿔서 내부 벽면 하나 전체를 회사 사무실의 그것처럼 아크릴로 마감한 후에 다른 곳에는 낙서하지 말고 이곳에는 마음껏 하라고 얘기하는 것이 규칙을 알게 하고 자제력을 기르는 올바른 방법이지, 무조건 낙서를 금지하는 것은 아이의 두뇌발달에도 안 좋은 영향을 미칠 수 있어 권하는 방법은 아닙니다. 실제 교육 전문가들은 오히려 낙서에 대해 권장을 하고 있을 정도입니다. 낙서는 생후 7~8개월부터 시작하는 가장 자연스러운 자기주도형 놀이 중 하나로 창의력을 발달시키고, 마음껏 대화가 어려운 아이들의 마음을 표현해서 자기표현력을 기름과 동시에 스트레스 해소에도 도움을 주며, 낙서하는 행위 자체는 근육 발달에도 도움을 주는 매우 유익한 놀이입니다. 그리고 무엇보다 낙서를 위해 설치해 두었던 아크릴은 비전문가라 하더라도 시간이 지난 후 해체하는 것이 전혀 어렵지 않습니다. 외부의 벽체도 마찬가지입니다. 페인트를 칠해야 하는 벽체의 경우 많은 비용을 들여 도장 전문가에게 전체 도색을 의뢰하는 것보다는, 일부만이라도 전문가에게 의뢰하지 말고 실력이 없다고 하더라도 가족끼리 벽화를 그리는 공간을 마련해서 아이와 함께 벽화를 그린다면 그 시간은 아이가 성인이 되어도 잊지 못할 소중한 기억이 될 것입니다. 성장하는 아이에게 협동심과 가족 간의 사랑을 체험하게 할 수 있고 집을 직접 꾸민다는 뿌듯함과 자신감을 가지는 귀한 시간이 될 것이 분명합니다. 그러한 추억을 충분히 공유하고 행복을 누린 후에 아이가 성장하면 전문가에게 도색을 의뢰해도 늦지 않고, 주택에 살면서 정기적인 집 관리는 낙서와 상관없이 꼭 필요한 일이기 때문에 계획만 잘 세우신다면 비용도 절약하고 소중한 시간도 갖는 기회가 될 수 있습니다.

누구나 공감하는 사례로는 외부 부동전이 있습니다. 부동전이란 겨울에도 외부에서 수도관이 얼지 않고 물을 사용할 수 있도록 설계된 수도꼭지가 달린 일체형 제품으로 김장이나 정원 관리를 위해서 사용하는 제품입니다. 부동전은 수도설비를 할 때 미리 위치를 정해 설치해 놓고 입주 후 사용하는 것으로 이제 주택을 지을 때 부동전을 설치하는 것은 누가 얘기하지 않아도 당연히 설치하는 필수품이 되어 버린 가장 보편적인 아이템입니다. 이렇게 부동전처럼 보편화되지는 않았지만 공동주택생활에서 단독주택생활로 거주지가 바뀌면서 라이프 스타일의 변화나 세월이 흐름에 따라 나타날 수 있는 상황에 대비해서 집을 준비하는 것도 꼭 필요한 과정 중 하나입니다. 가까운 미래를 대비하는 사안을 고민하는 중에 검토되어야 할 다른 사항은 〈주택에서 무엇을 할 것인가〉에 대한 준비입니다. 집의 주위 상황이나 여러 환경에 따라 많은 변수가 있지만, 은퇴자 분들은 번잡한 곳을 벗어나 조용한 곳에 집을 지으시는 경우가 많습니다. 그러나 이사 후 한동안은 이삿짐을 정리하시거나 텃밭을 만드시는 등 다른 소일거리로 바빠서 잠시 잊어버리지만 본격적인 전원 생활이 시작되면 무료(無聊)함을 느끼게 되는 경우가 많아 이를 잘 이겨 내지 못하고 3년 내로 다시 도시로 이사하는 경우도 종종 있습니다. 농촌진흥청의 자료를 보면 귀농, 귀촌 후 3년 이내에 다시 도시로 돌아가는 비율은 7.7% 정도이고, 돌아가는 가장 큰 이유는 농사의 실패와 자녀교육 등의 사유로 조사되었습니다. 하지만 1위의 사유인 농사 실패와 조사기관의 이름에서도 짐작할 수 있듯이 귀농인에 대해 중점을 둔 조사자료입니다. 귀촌이나 도시 외곽에 단독주택을 짓고 살다가 도시로 돌아간 경우까지 포함한다면 더 높은 비율로 이사를 하시지 않았을까 짐작해 봅니다. 실제 제가 집을 지어 드렸던 사례를 보면 고향이 서울이시고 한평생을 서울과 해외에서 생활하셨지만 은퇴 후 귀촌 생활을 하시며 작지만 즐겁게 목공방을 하고 계시는 분이 있습니다.

충북에 위치한 목공방(저자 촬영)

화려하지도 규모가 크지도 않지만 그분의 행복감은 굳이 묻지 않아도 얼굴에서 충분히 느낄 수 있었습니다. 특히, 이분의 경우 많지는 않아도 은퇴한 부부의 생활에 불편하지 않을 정도의 소득도 공방을 통해 이루고 있어서 인터넷 주문을 확인하고 주력 제품인 목마를 제작하기 위해 매일 새벽 4시에 일어나 하루를 시작하시기 때문에 건강도, 소득도, 가족의 응원도 모두 누리는 만족한 삶을 살고 계십니다. 다른 사례자의 경우에는 나무를 너무 좋아하셔서 강원도 지역에 비싸지 않은 산을 구입하시고 전문기관의 교육을 받아 임업후계자가 되신 후에 산속에 집을 짓고 매일 나무를 돌보며 즐거운 나날을 보내고 계십니다. 제가 Behind story를 모두 알지는 못하지만 나무에 대한 열정이 남다르셨고, 열정 못지 않은 노력과 투자로 집을 계획하실 때부터 나무에 대한 공부를 위해 별도의 공간을 마련하셨습니다. 건축비가 많이 들지 않은 소박한 건물이었지만, 같이 공부하는 분들과의 교류와 본인의 연구를 위해 집과는 별도로 회의실을 지어 나무에 관심 있는 분들의 모임 장소 및 교육의 장소로 기꺼이 내어 주시는 모습과 주위 분들의 격려와 응원이 더해져 더욱 빠르게 적응하신 것이라 생각합니다. 귀촌 주택을 지으신 또 다른 분은 가족을 위한 공간과 별도로 평소 보이차를 즐기시고, 사람들과 담소 나누길 좋아하셔서 개인 다실을 만드시고 본인과 가족의 건강을 위해 황토 찜질방을 건축하신 분이 계십니다.

시공 중인 황토 벽돌집과 개인 다실(저자 촬영)

시작은 지극히 개인적인 이유로 다실과 황토방이 건축되었지만, 방문하는 지인이 많아지고 입소문을 타면서 황토방을 에어비앤비로 이용해 가족들이 사용하지 않는 시간에는 부수입도 올리고 다실에서는 손님들에게 차(茶)도 소개하시면서 즐거운 시간을 보내고 계십니다. 지금은 다실의 공간을 이용해 茶를 이용한 발효음식을 가르치기도 하시고, 지자체의 요청으로 귀농 교육 프로그램 일부를 맡아 다실에서 교육도 겸하고 있습니다. 평생을 전업주부로 열심히 사셨고 아파트에서는 누리지 못했던 황토방과 넓은 다실을 마음껏 즐기기 위해 시골로 이사를 하셨기 때문에 요리연구가와 귀농 교육 강사가 되어 있는 자신의 모습은 한 번도 상상해 본 적이 없지만 지금의 생활이 너무 좋다고 늘 말씀해 주십니다. 저도 가끔 놀러 가면 저 다실에서 같이 차를 마시며 이런 얘기 저런 얘기로 저를 반겨 주십니다. 이외에도 여러 사례들이 있지만, 저와 연이 닿았던 성공 사례의 주인공들의 시작은 자신이 원하고 계획했던 공간을 가지고, 그 공간을 적극적으로 활용함으로써 시작된 것들이었습니다. 꼭 수익이 되는 일을 할 필요는 없지만 즐겁게 시간을 보내면서 매일매일이 감사한 하루를 만들 수 있는 무언가를 계획하고 그 계획에 일정 수준의 공간이 필요한 것은 아닌지 꼭 체크해 보시기 바랍니다.

8. 모난 돌은 피하는 게 상책

그간 계획했던 집의 모양이 주위와 너무 차이가 나는 것은 아닌지 체크하셔야 합니다. 집이 주는 위화감 없이 이웃과 잘 어울려 생활하시기를 바라기 때문에 드리는 말씀입니다. 집의 차이라 함은 결국 눈으로 보이는 형태와 외장재 등을 말합니다. 한옥마을이 대표적인 곳인데 그곳에 양옥을 짓는다고 가정해 본다면 이웃의 반응이 어떨까요? 우리가 알 만한 한옥마을은 대부분 미관지구로 지정되어 있어서 마음대로 집을 지을 수 없는 경우가 대부분이지만, 미관지구가 아니라 하더라도 외관의 모양이 두드러진 집은 동네와 어울리지도 않을 뿐 아니라 기존에 살고 계시는 분들과 자연스럽게 어울릴 기회도 줄어들 수 있습니다.

첫 번째 사진은 지붕의 형태는 유사한 박공지붕의 집이지만 외장재나 지붕재의 차이로 인해, 두 번째 사진은 형태의 완연한 차이로 인해 눈에 띄는 주택이 될 가능성이 높습니다. 고급주택단지에 동네 풍경과 전혀

어울리지 않는 소박한 집을 짓는 것도 마찬가지입니다. 외딴곳에 나 홀로 집을 짓고 산다면 이웃을 크게 신경 쓰지 않아도 문제가 없겠지만, 도시생활이 아니라면 이웃과의 원만한 유대관계는 생활하는 데 필수적 사항입니다. 만약 시골길에 지난 겨울처럼 눈이 많이 와서 집으로 차량 통행이 불가능할 경우 평소 관계가 원만하지 않다면 분명 생활에 직접적인 영향이 발생합니다. 집 앞 가로등 하나를 설치하는 것도, 코너길에 반사경 거울 하나를 설치하는 것도 이장님과 상의하고 진행하는 것이 당연시되는 곳이 아직도 많이 있기 때문에 대문을 닫고 왕래 없이 사실 계획이라면 그에 대한 대비책을 마련해 두시기를 권해 드립니다. 그렇지

않다면 같이 어울리며 마을회관에서 동네 분들과 소주 먹으며 화투를 치고 부대끼며 살겠다고 생각하시는 편이 여러모로 정신건강에 유익합니다. 반대로 유대관계가 너무 좋아도 프라이버시 부분 때문에 스트레스를 받으시거나 깜짝 놀라는 상황도 많이 있습니다. 도시에 사셨던 분들이 단체로 분양 받아 마을을 이루며 사는 곳은 그나마 괜찮은데 원주민이 지내시는 마을에 이사를 하시게 되면 사람에 따라 다르겠지만, 아침에 눈을 떴을 때 내 집 거실에 이웃이 앉아 커피를 마시고 있는 경우도 있을 수 있고, 이른 아침 잠을 자고 있는데 동네 사람이 방 안으로 들어와 잠을 깨우는 경우도 있다고 얘기를 들은 적이 있습니다. 새로운 곳으로 이사해서 적응하며 산다는 것이 누구에게나 쉬운 일은 아니지만 주택 생활은 이웃과의 관계가 도심의 그것과는 비교할 수 없이 중요한 부분이고 그런 이웃을 대함에 있어 그들과 친해지기 전, 이웃들에게 자칫 새로 이사 온 집주인에게 편견을 가질 수 있는 과도한 건축은 피하는 게 상책입니다. 개발된 마을이 아닌 원래 있던 마을에 집을 짓고 들어가시는 분들은 토지 구입 단계부터 이장님과 노인회장님에게 인사를 드리고 공사 전이라도 방문 때마다 안부를 여쭙는 게 좋고, 공사를 시작할 때에는 마을의 모든 분들에게 미리 인사하고 공사의 양해를 구하는 것도 좋은 방법입니다. 개발된 분양토지에 집을 지을 때도 최소한 인접한 이웃들에게는 예의를 갖추시는 것이 여러모로 좋습니다.

강연을 하다 보면 상량식(上梁式)에 대해 질문을 하는 분도 있습니다. 요즘은 일하는 사람(목수)들을 위해서는 군이 상량식은 하지 않으셔도 됩니다. 원래 상량식은 집을 지을 때 기둥을 세우고 보를 얹은 다음 마룻대를 올리는 의식으로, 떡·술·돼지머리·북어·백지 등을 마련하여 주인, 목수 등이 새로 짓는 건물에 재난이 없도록 지신(地神)과 택신(宅神)에게 제사를 지내며, 상량문을 써서 올려놓은 다음 모두 모여 즐기는 일종의 축제를 하는 날입니다. 상량식을 일종의 축제라고 표현하는 이유는 동네 분들에게 음식을 대접하기 때문입니다. 옛날 고래등 같은 기와집을 지을 때는 수작업으로 산에서부터 벌목을 하고 가공해서 집을 지어야 하기 때문에 공사기간도 길고 많은 마을 사람들의 도움 없이는 어려운 일이라 그간의 수고와 불편함에 대한 고마움의 표현이자 그러한 자리를 마련함으로써 마을 사람들에게 공사의 진행상황을 은연중에 알려 불편함이 곧 끝난다는 것을 알려 주어 관계를 더욱 돈독하게 하기 위해서 행해졌던 것입니다. 그런데 근래에는 극히 일부지만 상량식에 대해 잘못된 인식을 가진 시공회사나 작업자들이 상량식을 빌미로 과도하게 돈을 요구하거나 지나친 잔칫상을 요구하는 경우도 있지만 상량식은 하지 않으셔도 공사에는 아무런 지장이 없으니 걱정하지 않으셔도 됩니다. 다만, 건축주의 개인적인 믿음이나 마을 사람들과 자연스럽게 친해질 자리를 마련하기 위해서는 좋은 기회가 되어 주기도 하기 때문에 그런 점을 고려하셔서 결정하시면 됩니다.

9. IOT, 전기자동차 급속충전기, 태양광은 이렇게

예전에 비해 세 분야 모두 보급률이 높아졌다고는 하지만 보급률과 익숙함은 별개의 문제라서 결정이 쉽지 않은 부분입니다. 전기자동차는 2021년 최초로 전용플랫폼을 적용한 진정한 국산 전기자동차들이 출시되면서 전기자동차의 판매가 급증하고 있지만 충전기의 수는 그에 미치지 못하고 언론에서도 그런 우려를 표명하는 기사를 어렵지 않게 볼 수 있습니다. 특히, 우리나라는 공동주택에서의 거주비율이 높은 데 비해 아파트에 설치되어 있는 충전기의 수량이 부족하다 보니 급속충전소가 늘어난다 하더라도 한동안은 전기자동차의 충전이 불편할 수밖에 없기 때문에 전기자동차를 구입할 계획이 있는 분들은 집을 지을 때 충전기를 설치하는 것이 더욱 편리할 것입니다. 또 당장 차량 구입 계획이 없다 하더라도 집을 지을 때는 전기자동차에 대한 대비는 해 두는 것이 현명한 판단이라 생각합니다. 실제 저공해차 통합 누리집(www.ev.or.kr) 홈페이지의 자료를 보면 완속 충전기에 대한 설명 글 중에 전기요금이

100km당 1,100원 정도라는 설명을 읽어 보고, 저도 구입하고 싶은 마음이 들 정도로 매력적인 가격이었습니다. 또 최근 출시된 전용플랫폼의 전기자동차는 220V 가전제품을 자동차에 연결해서 사용이 가능하기 때문에 전원주택에서는 만일의 경우를 대비해서라도 전기자동차를 구입하시는 분들이 늘지 않을까 하는 생각이 들었습니다. 자주 있는 상황은 아니지만 전원생활 중에 태풍으로 인해 나뭇가지가 전선을 손상시켜 정전이 되거나 갑작스러운 폭우로 인해 전봇대가 유실되어 정전이 된다면, 복구까지는 일정 시간이 필요하기 마련입니다. 그러나 냉장고의 음식과 어두운 밤에 실내조명등은 잠깐이라 하더라도 정전이 되면 큰 불편을 초래하기 때문에 전기자동차를 구입하실 계획이 있는 분들은 주방에 전기자동차에 바로 연결이 가능한 비상용 콘센트를 설치해 두면 유사시 냉장고와 스탠드 조명, 스마트폰 등을 연결하여 굉장히 편리하게 사용할 수 있습니다. 또 주택에서 살다가 부득이하게 집을 팔아야 할 경

자동차에 가전제품을 연결하여 사용 중인 광고(출처: 현대자동차 홈페이지)

우에도 전기 자동차 충전기가 설치되어 있고 정전에 대비되어 있는 집이라면 그렇지 않은 집보다는 훨씬 매매될 확률이 높습니다.

이렇게 여러모로 편리한 전기자동차 구입을 대비해서 집을 지을 때는 준비해야 할 사항 중에는 충전기에 대한 부분도 알고 있어야 합니다.

▌설치유형에 따른 분류

구분	벽부형 충전기	스탠드형 충전기	이동형 충전기
용량	3~7kW	3~7kW	3kW(Max)
충전시간	4~6시간	4~6시간	6~9시간
특징	분전함, 기초패드 설치 · U형볼라드, 차량스토퍼, 차선도색(설치 또는 미설치) · 충전기 위치가 외부에 설치되어 눈, 비에 노출될 경우만 케노피 설치		· 220V 콘센트에 간단한 식별장치(RFID태그) 부착하여 충전 · 태그가 부착된 다른 건물에서도 충전 가능
사진			

전기자동차 충전기 종류(출처: 저공해차 통합 누리집)

가정용 충전기로는 벽부형 충전기와 스탠드형 충전기가 판매되고 있으며 선택 시 고려하여야 할 사항은 위치와 배선입니다. 위치를 먼저 살펴보면, 단독주택의 신축 시 주차장은 대부분 법적으로 설치하게끔 정해져 있어 위치에 대한 고민은 덜하지만, 전원주택 생활을 하게 되면 도시보다는 주위 공간이 여유롭다 보니 실생활에서는 설계도면상의 주차선과 무관하게 주차를 하는 경우가 많이 있습니다. 주차선과는 멀리 떨어지더라도 주차하기 편한 곳에 주차를 하는 경우를 감안해서 충전기의 위치를 선정하여야 합니다. 가장 사용하기 편리한 곳에 위치가 선정되면 입지 여건에 따라 벽부형으로 할 것인지 스탠드형으로 할 것인지를 결정하고 전기배관을 미리 해 두면 추후 건물이 완성되고 난 후에 설치를 하여도 작업도 수월하고 집의 외관에도 영향을 주지 않거나 최소화할 수 있어 보기 좋게 예쁘게 마감할 수 있습니다. 주력으로 보급되는 가정용 충전기는 5kw~7kw의 용량을 가진 제품으로 전선은 10SQ 굵기의 전선을 사용하는 것이 안전하며 추후 전선을 삽입해야 하는 난연관은 22mm 이상으로 미리 매립해 두고 콘크리트를 타설해 두면 설치가 용이합니다. 추가로 생각하여야 할 것은 가정에서 사용하는 전기계량기와는 별도로 한전에서 계량기를 받아 설치하는 경우가 보통이기 때문에 전신주에서 충전용 계량기까지 전선이 오는 방법(지상, 지중)과 그에 따른 계량기의 위치, 계량기의 크기와 마감자재를 감안한 마감 방법 등을 고려해서 선행 작업을 해 두신다면 집의 손상 없이 만족스럽게 전기자동차 충전기를 사용하실 수 있을 겁니다. 태양광 설비도 유사한 개념으로 주로 집의 지붕이나 주차장의 지붕 혹은 별도 설치하는 방법으로 시공되고 위치에 따라 계량기 위치와 그에 따르는 배관을 미리 해 두는 것이 좋습니다. 특히 지붕 설치나 여의치 않거나 단독 설치라 하더라도 주위의 여건에 따라 설치가 어렵거나 설치 자체가 불가능한 경우도 있으니 주의하셔야 합니다.

지붕에 설치된 태양광 패널과 태양광 계량기(저자 촬영)

사진처럼 집의 지붕에 태양광 패널을 설치할 경우에도 주의해야 할 사항이 있는데 지붕 방수층에 절대로 손상 가지 않도록 주택 시공회사와 패널 시공회사 간의 사전협의를 하는 것이 좋으며 협의 시 방수뿐 아니라 전기에 대해서도 같이 협의를 하게끔 하시면 사진에서처럼 노출 되는 전선을 최소화할 수 있습니다. 지붕에 태양광 패널을 설치할 때 또 한 가지 미리 챙기셔야 하는 서류는 구조기술사의 안전확인서입니다. (지방자치단체별로 다를 수 있습니다.) 목조주택의 지붕에 패널을 설치할 경우 패널과 그 부자재의 무게로 인해 건물구조물에 영향을 줄 수 있으므로 보조금을 지급하기 전에 안전을 위해 지자체에서 요구하는 것인데 설계 시 별도로 얘기하지 않아도 구조기술사의 안전확인서를 받는 데는 문제가 없지만, 그래도 설계자에게 추후 지붕에 패널을 설치할 것이라는 의사는 분명히 밝혀 두어야 설계자도 내진도면과 별개로 안전확인서를 받는 데 업무를 수월하게 진행할 수 있습니다.

주택의 IOT는 아직은 보편적이라고 말씀드리기에는 무리가 있지만 점차 관심도가 높아지고 있는 것은 사실입니다.

현재는 업계 표준이라거나 독과점을 하고 있는 독보적인 업체가 없기 때문에 사용하는 시스템에 따라 스마트 시스템을 적용할 수 있는 제품에는 차이가 있습니다. 사진에 나와 있는 것처럼 CCTV, 가스차단, 조명, TV, 에어컨, 블라인드, 커튼, 현관 도어락, 주차장 출입문 등은 연동이 가능한 수준입니다. 이사 후에 설치되는 제품이 많아서 건축에서 미리 준비해야 하는 것들은 없다고 생각하실 수도 있지만, 전동 커튼이나 블라인드는 미리 전기 작업이 이루어져야 하며 인터넷이 필수이기 때문에 집의 공간 배치에 따라 와이파이 증폭기 설치를 미리 대비해 두신다면 IOT를 사용하지 않더라도 편리한 생활이 가능합니다. IOT 조명 스위치의 경우 통상적인 220V 전선의 두 가닥이 아니라 총 세 가닥이 있어야만 음성으로 불을 켜거나 끌 수 있는 제품이 있기 때문에 미리 챙겨 두어야

합니다. CCTV의 경우에도 단독으로 설치할 경우 영상 저장 방법과 카메라의 위치를 미리 결정해 두고 통신선과 전기선을 배관 해야 하기 때문에 기기 관리 방법과 카메라의 작동 방법, 영상 전송 방식은 무엇인지도 체크해야 합니다.

우리나라는 제가 설명할 필요도 없는 세계 최고의 IT 강국입니다. 주택에 적용할 수 있는 IT 제품도 하루가 다르게 그 폭도 넓어지고 있고 속도도 빠르게 확산되고 있습니다. 시골에서 살고 있지만 원격 의료도 이제 머지않아 일상이 될 것입니다. 그러나 그러한 것들을 사용하지 않는 것과 밑 작업이 되어 있지 않아 사용하지 못하는 것은 다른 얘기입니다. 수억 원이 들어가는 집을 짓는데 여러 사항들을 꼼꼼히 체크하는 것은 당연한 것입니다.

건축시장을 알아야
대비가 가능합니다

1. 부실한 도면은 무엇이 문제인가

모든 건물을 지을 땐 설계도가 반드시 필요합니다.

이건 상식입니다.

그럼 설계도는 왜 필요할까요?

여러 가지 관용어나 미사구로 표현될 수 있겠지만, 중요한 것은 **건축주의 의지(건축주가 원하는 건물)**가 시공하는 사람에게 잘 전달하기 위함입니다.

건축주가 모든 공정마다 작업자들을 졸졸 따라다니며 작업 지시를 하는 것은 불가능하기 때문에 미리 약속한 표현양식(설계도)으로 작업자에게 주는 일종의 작업지시서 같은 것입니다. **"이렇게 일해 주세요."**를 길게 설명한 것이라고 생각하시면 쉽게 이해되실 겁니다. 그러나 현장에선 건축주의 의지를 본 적이 별로 없습니다. 더 정확한 표현은 건축주는 도면에는 있지도 않은 부실시공(자신이 공부한 것)에만 관심을 기울

일 뿐 자신이 시공자에게 준 설계도면에 어떠한 작업 지시가 표시되어 있는지, 그 설명은 충분히 자세히 되어 있는지에 대해서는 관심이 없습니다.

그저 자주 보았던 아파트 평면도 같은 설계도면에 만족하고, 감시자의 눈초리로 현장을 오가기만 할 뿐입니다. 그렇다고 감시자의 역할도 잘하지 못합니다. 계약한 공사금액이 합리적인지는 생각지 않으시고, 인터넷에서 찾은 스스로가 옳다고 생각하는 시공 방법만 고집하다가 시공자와 감정이 상하기도 합니다. 진짜 중요한 부분인 왜 집을 지으려 하고, 전원생활을 잘 적응하기 위해 어떠한 구조의 집이 좋을지, 내 가족을 위해 무엇을 어떻게 해야 하는지에 대해서는 별로 고민하지 않습니다.

예를 들어, 기초와 골조공사 후 석고보드를 시공하고 벽지를 고를 때, 마루를 고를 때 모두 알아서 해 달라는 고객들이 많습니다. 물론 그간의 시공에 신뢰가 가서 믿고 맡기는 것은 잘 알고 있습니다만 그 집은 제 집이 아닙니다. 그리고 골조 공사 시에 안방의 크기가 적당한지, 거실의 유리창 크기가 적당한지, 주방이 너무 크지 않은지도 물어보시는 분들도 많습니다. 그런데 이러한 질문의 답은 아무리 전문가라도 해 드릴 수 없습니다. 공사를 하는 입장에서는 "건축주인 내가 빨간색을 좋아할까요? 파란색을 좋아할까요?"와 같은 질문으로 들리기 때문입니다.

그러한 질문들은 가족들의 라이프 스타일과 주방의 동선, 색감과 취향 등을 종합적으로 알아야 응대가 가능하고 조언을 해 줄 수 있는 부분들인데, 대화를 해 보면 많은 가장들 혹은 아내들은 가족구성원의 취향을 잘 모르며, 심지어 자신이 무엇을 좋아하는지도 잘 모르는 분들이 의외로 많습니다. 그러니 실제 집을 지을 때 시공자들이 "어떻게 할까요?"라고 물어보면 "알아서 잘 해 주세요."라는 대답을 자주 듣게 되는데 이런 대답을 들은 시공자들은 결과물이 건축주의 기대대로 나오지 않았을 경우 책임을 져야 할 경우도 있어서 수동적으로 시키는 것만 하려고 하지, 적극적으로 나서서 하려고 하지 않는 성향이 있습니다. 이러한 속사정은 모르고 시공사가 소극적이면 신경을 안 쓰는 것 같아 건축주는 서운해하고, 적극적이면 왠지 건축주가 속는 기분이 들어 경계하시는 걸 잘 알고 있기 때문에 시공자들은 이러지도 저러지도 못하고 말수가 줄어들고 결정만 기다리는 경우가 많습니다.

다시 강조하지만 집 짓기에서 가장 중요한 것은 설계도면입니다.

집뿐만 아니라 모든 건물을 지을 때는 설계도면이 가장 중요합니다. 건물에 대한 구체적인 계획과 예산, 공사 일정 등을 파악할 수 있기 때문에 그 중요성은 아무리 강조해도 지나치지 않습니다. 이렇게 중요한 것이 설계도면임에도 불구하고 많은 사람들은 부실한 도면을 가지고 집을 짓습니다. 몰라서 그럴 수도 있고, 의도적(?)으로 그런 걸 수도 있지만, 어쨌든 현실에서는 많은 건축 현장이 부실한 설계도를 가지고 집을 짓고 있습니다. 그럼, 부실한 도면은 왜 있을까요?

부실한 도면의 첫 번째 원인은 건축주들의 무지에서 출발합니다. 전문지식이 없어서 무지하다는 것이 아니라 도면이 가장 큰 관심을 기울어야 하는 중요한 것임을 모른다는 의미입니다.

설계도는 일반적으로 짠~ 하고 일주일 만에 나오는 것이 아니라 아래의 단계를 거쳐 하나하나 다듬어지고 디테일해진다고 보면 됩니다. (세부적으로는 더 많은 단계를 거칩니다.)

1. 계획설계 - 대지의 모양, 예산, 크기, 층수 등의 계획 단계
2. 기본설계 - 일반적으로 인허가 시 제출되는 기본적인 도면
3. 실시설계 - 세부적으로 자재, 색상, 시공 방법 등을 표시하여 시공 시 불편함이 없는 도면

이 세 과정이 일반적인 과정인데, 많은 사람들이 1번과 3번을 생략하고 2번만 준비합니다. 왜냐하면 1, 3번이 있는지 모르는 건축주도 많고, 비용도 싸지 않으며 시간도 많이 걸리기 때문에 알고 있어도 선뜻하기에는 쉽지 않습니다.

부실한 도면을 가진 건축주들이 그러한 도면을 결정하는 과정에 대해 간략히 설명하면,

1번 계획설계는 설계사무실에 땅의 지번을 불러 주면 용적률과 건폐율을 알려 주고 필요 시 토목설계사무소를 소개해 주는 것으로 대충 지나가고 3번 실시설계는 건축에 대해 관심을 가지고 계신 분이 아니라면 있는지조차 모르는 경우가 많습니다. 설령 알고 있다고 하더라도 주위에 물어보면 누구는 200만 원에 주택설계를 했다고 하고 누구는 3,000만

원에 설계를 했다고 하니, 설계도의 중요성을 잘 모르는 사람들은 주택 설계 비용이 3,000만 원 얘기를 들으면 우선 가격에 놀라게 됩니다. 비싼 이유를 정확히 알지 못하기 때문에 가격 차이가 나는 이유를 싼 도면이나 비싼 도면이나 내용은 유사하지만 '**예쁜 디자인 비용+건축가의 명성=비싼 설계비**'라는 생각을 하는 것 같습니다. 이러한 생각은 자연스레 "나는 서민이니까 고급 집이 아니어도 상관없다. 200만 원 주고 설계할래."라는 결정으로 이어지게 되고 그냥 비용이 저렴한 기본설계만 준비하는 경우가 많은 것이라고 생각합니다.

설계는 기본설계보다는 계획설계가 훨씬 중요합니다. 계획설계 단계에서 몇 평으로 집을 지을지, 방을 몇 개로 할지, 대지의 어느 위치에 집을 지을지, 방향은 어디로 할지 등 집의 중요한 사항들을 결정하기 때문입니다. 설계도면의 비용이 비싼 이유도 계획설계 과정에서 수 차례의 상담과 그에 따른 스케치 변경이 수시로 이루어지고 때로는 기존의 얘기를 모두 덮고 처음부터 다시 상담을 시작하는 경우도 많아서 이러한 사소한 부분들을 일일이 대응해야 하기 때문에 많은 비용이 책정된 것입니다. 흔히 비싸다고 하는 설계도면을 그리는 설계사들이 시간을 많이 요구하는 것도 이러한 과정을 잘 알고 있기 때문이고 실제 계획설계에 거의 모든 시간을 사용합니다.

계획설계 중인 주택입니다. 설계사가 미리 현장을 방문한 후에 땅의 모양과 방향, 주위 풍경 등의 환경적 요소를 참고해서, 부지 내에서 집의 위치도 바꾸어 보고 모양도 바꾸어 본 스케치입니다. 부지는 같지만 집의 위치와 모양이 달라진 것을 쉽게 파악하실 수 있으실 겁니다. 준비한

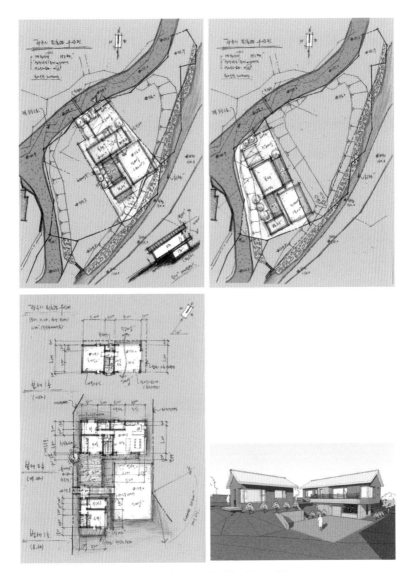

계획설계 과정(비움비 건축사무소 제공)

스케치 사진은 두 장이지만 실제 숫자는 훨씬 많고, 상황에 따라 수십 장의 그림을 그리기도 합니다. 저러한 과정을 거쳐서 평면도 완성하고 집의 모양도 다듬으며 점점 완성된 집으로 다가가는 것이 계획설계입니다. 또 전문가의 조언과 건축주의 로망을 얘기하고 법과 안전의 테두리 안에서 집의 모든 것을 결정하는 가장 중요한 작업입니다. 계획설계가 끝나면 건축주가 해야 할 일은 흔히 하는 얘기로 구부능선은 지났다고 봐도 무방합니다. 이러한 계획설계 후에 기본설계를 하게 되고 기본설계가 확정되면 실시설계의 과정을 거치게 됩니다.

그러나 이러한 과정을 거치지 않고 부실한 설계도를 손에 들고 구체적으로 집 짓기 준비를 하려고 하면 그 과정 하나하나가 쉽지 않은데, 그 어려움이 부실한 도면으로부터 시작되었다는 것을 인지하지 못하는 경우가 대부분입니다. 왜냐하면 저가의 도면이라 할지라도 공사를 마치면 설계사무실에서 준공은 받아 준다고 했으니 그 도면만 있으면 집을 짓는 데는 아무 문제가 없다고 생각하고, 2~3군데 비교견적을 받고 집을 지으면 된다고 생각하기 때문입니다. 그런데 이러한 부실도면은 견적서를 받는 것부터 쉽지 않은 일입니다.

도면을 주고 견적을 요청할 때 건축주가 가지고 있는 인허가 도면(2번 기본설계도면)은 통상 8장~12장 정도의 분량인데 이는 아파트 분양 광고지에서 많이 보았던 평면도, 정면도, 배면도, 좌측면도, 우측면도, 지붕도, 단면도, 배치도 등으로 구성되는 것이 보통입니다. 이런 수준의 도면에는 자세한 설명을 요하는 부분마저도 세부내용이 거의 없습니다.

이런 세부내용이 없는 도면으로 견적을 요청받은 시공회사의 반응은 통상 세 가지로 나뉩니다.

실시도면이 있을 때와 기본설계도면만 있을 때 도면의 두께 차이(저자 촬영)

첫째가 견적을 줄 수 없다며 왜 제출할 수 없는지에 대해 일장 연설을 하는 업체.

둘째는 상세 스팩(spec)에 대해 알아야 한다며 꼬치꼬치 묻고 난 후 제출하는 업체.

셋째는 시공회사에서 미리 자체적으로 평당 가격대별 사양서를 만들어 두고서 건축주에게 예산에 맞추어 자재를 결정하라고 역 제안을 하는 업체입니다.

이처럼 같은 설계도면을 주었는데도 시공회사들이 다른 반응을 보이는 것에 대해 건축주는 혼란을 느낍니다. 그래서 "메일로 도면을 보내고

통화만으로는 설명이 부족한가 보다."라고 생각하며 이것저것을 물어보고 무엇이 부족한지 알기 위해 실제 미팅도 수차례 해 보지만 변함없이 당황의 연속입니다. 왜냐하면 그러한 도면에는 '지정타일마감' '고급벽지마감' 등의 애매모호한 단어들로 채워져 있기 때문입니다.

"어떤 타일로 하실 건가요?"
"포세린인가요? 도기질? 자기질?"
"벽지는 지사? 합지? 실크?"

이런 간단한 질문에도 난감함을 느끼기 일쑤인데, 더 큰 문제는 자재의 종류가 너무 많고 마땅히 적혀 있어야 할 설계도면에는 자재에 대한 설명도 시공 방법에 대한 설명도 없다는 것입니다. 건축주가 공부를 해야 한다고 얘기하는 많은 건축종사자와 공부를 해야 한다고 느끼는 건축주가 많이 있는 가장 큰 부분이 이 때문이기도 합니다.

제가 알고 있는 벽지, 타일의 종류만 해도 수십 가지에 이르는데 공사에 대한 경험이나 지식이 없는 건축주들은 오죽하겠습니까? 시공회사에서는 견적서 작성 시 필요하다며 질문을 많이 하는데 답변을 못 하게 되는 일이 늘어나고, 그러면 건축주들은 "도면이 왜 이렇게 부실할까?"를 생각하는 것이 아니라 당연히 공부해야 하는 줄 알고 시공회사 질문에 답하기 위해 도면을 던져 두고 그때부터 열심히 자재와 시공에 대해 공부하기 시작합니다. 부실한 도면은 이렇게 고생길(공부길)로 안내합니다.

두 번째 원인은 건축사들입니다. 더 정확한 설명은 건축사들의 개개인의 문제가 아닌 경제논리에 의해 중요한 것이 외면당하는 주택시장의 문제라고 할 수 있습니다. 국토교통부 통계자료에 의하면 2017년 기준 단독주택의 착공동수는 20만 8935동이며, 구조별로 철근콘크리트가 89%, 조적이 3.6%이며, 목조는 6.7%의 비율을 보이고 있습니다. 철골콘크리트조 다음으로 목조주택이 많이 지어지고 있는데 목조주택이 주거용도 중에서도 단독주택으로 주로 이용되고 있는 점을 감안한다면 목조주택이 단독주택에서 점유하는 비율은 14.4%로 추정되며, 그 범위를 전원주택만으로 더 좁힌다면 목조주택이 가장 많은 비율을 차지합니다. 그러나 우리나라 대다수의 건축사들은 목조주택에 대한 전문지식이 부족한 것이 사실입니다. 물론 일반인들과는 비교할 수 없겠지만, "목조주택에 대해 RC(철근콘크리트)조만큼 많이 알고 있다."라고 얘기하거나 "RC조보다 더 많이 안다."라고 자신 있게 얘기할 수 있는 건축사는 많지 않을 것입니다.

상황이 이러한데 앞에서도 언급했듯이 규모의 경제논리에 의해 많은 건축사들은 목조주택설계에 대해 별 관심이 없습니다.

국토교통부 통계누리 자료에 따르면 우리나라 목조주택은 2016년에 약 15,000채 정도가 지어졌다고 합니다. 그런데 1년간 우리나라에서 지어지는 건물의 규모를 500,000채라고 했을 때 목조주택이 차지하는 비율은 3% 정도이니, 약 23,000여 명의 건축사 중 3%, 즉 690여 명의 건축사들이 목조주택에 대해 설계를 해 보았다고 예상할 수 있고, 그 690여

명도 유명 건축사들에게 쏠림 현상과 기본설계만 해 보았던 건축사를 제외한다면 그 숫자는 훨씬 줄어들 것으로 예측할 수 있습니다. 제 개인적인 생각이지만 목조주택설계를 잘하는 건축사분들이 100여 명은 될지 의문이 듭니다.

목조주택설계의 현실이 이렇게 열악합니다. 현장에서 보고 있노라면 공사를 직접 하는 사람으로서 느끼기에도 크게 다르지 않습니다. 가장 중요한 설계도에 돈을 아까워하는 건축주와 군이 목조주택을 설계하지 않아도 생계에 큰 지장이 없는 건축사들이 다수인 상황에서, 제대로 된 집을 짓고 싶어 하는 건축주분들이 좋은 집을 지으려고 준비한다는 것 자체가 어쩌면 불가능을 도전하는 것인지도 모르겠습니다.

목조주택뿐만 아니라 다른 주택도 마찬가지입니다. 목조주택은 시장 규모가 작아 건축사들이 군이 공부의 필요성을 느끼지 못해 도면이 부실하다 하더라도 나머지 구조의 주택 도면이 부실한 것은 공부의 부족이 아니라 결국은 경제의 논리입니다. 건축사사무소도 전문분야가 따로 있습니다. 대형 설계사무소와 중형 설계사무소는 주택설계에 대해 크게 관심이 없고 소형설계사무소 혹은 개인 사무소에서 주택과 같은 소규모 건축설계를 주로 합니다. 소규모 건축사무소도 상가건물, 종교건물, 다세대주택 등 주로 전문으로 설계하는 건물이 있는 곳도 있고, 소규모 건물이라면 두루두루 하는 사무실도 있습니다. 이런 개념과 조금은 다르지만 허가방(허가대행업무)이라 부르는 많은 건축사사무소도 대수선, 개발행위 등의 업무처리는 효율적이고 가성비가 있어 오히려 실시설계를 주로 하는 건축사사무소를 이용하는 것보다 훨씬 나은 경우도 많습니다. 이렇게 소형(개인) 사무소도 각자의 업무의 영역을 다르게 전문화되어 있지만 사무소 유지라는 현실적인 이유 때문에 전문화된 영역을 넘어서 일을 하게 되는 경우가 많이 있습니다. 부실한 도면이지만 저렴한 박리다매의 방식으로 도면을 양산하면서도 허가도면과 실시설계도면의 차이와 필요성, 중요도를 건축주에게 마땅히 해야 하는 설명을 생략한 채 허가도면으로 집을 짓는 일이 반복되다 보니 설계 비용의 가격은 터무니없는 수준으로 하락하게 되어 버렸고 그 여파로 제대로 일하고 싶은 건축사의 정당한 비용 요구는 어이없는 금액으로 치부되어 버렸습니다. 전원주택 붐이 있었던 지역의 모 건축사사무소는 하루에 한 건 도면에 도장 찍는다는 얘기를 제게 자랑 삼아 얘기한 적이 있었습니다. 일부 건축사는 실시설계를 요구하는 건축주에게도 비용과 시간의 이익을 강조하며 굳이 그럴 필요가 없다고 설득한 후 자신이 가지고 있던 여러 주택의 도면을 짜깁기한 후 저가에 납품하기도 합니다. 이렇게 자신이 설계한 집인데도 불구하고 시공 결과에 대한 모든 책임은 건물주와 시공회사에 전가하는 상황에 이르게 된 현실은 결국, 손해는 오롯이 건축주의 몫이 되는 결과를 낳아 주택건축시장의 불신을 더 키운 꼴이 되고 말았습니다.

설계도면 외에도 평소 건축법을 크게 신경 쓰지 않고 공동주택(아파트, 다세대주택 등)을 구입하며 생활했던 대다수의 우리나라 사람들에겐 전원주택을 짓기 위해서 알아야 할 법률이 너무 많습니다. 세금에 관련된 법, 농지전용에 관련된 법, 건축과 토목 관련법 등 사전에 체크하고 공부한다고 해도 법률 공부는 언제나 어렵게 다가옵니다.

그 수많은 법률(조례) 중에 주택건축과 관련된 법률 중 직영 건축을 할 때 비용지출과 직접적으로 관련된 사항에 대해 설명드리려 합니다.

2. 현장관리인 제도의 비용과 헛점

현장관리인제도는 2017년 2월에 시행된 제도입니다. 제도 초기에는 현장대리인이라고도 얘기했지만, 지금은 현장관리인으로 명칭이 자리를 잡은 것 같습니다. 법의 기본 취지는 건축에 전문지식이 없는 건축주의 피해를 최소화하기 위해 직영건축을 하는 건축주는 현장관리인을 지정해 상주하게 하며, 건축주를 대신하여 현장에서 공사가 제대로 진행될 수 있도록 관리하게 하는 것입니다. 직영건축은 말 그대로 건축회사의 힘을 빌리지 않고 건축주가 직접 인부를 선정해서 집을 짓는 것을 의미합니다.

즉, 현장관리인 제도가 생기기 전에는 나라에서는 *'자기집을 자기가 직접 짓는다고 하니 오죽 잘 지을까'* 라는 생각으로 관리를 하지 않았었습니다. 사전적 의미의 직영건축과 현실이 같을 거라고 판단했던 것 같습니다. 하지만 실제에서는 면허가 없는 업체가 공사를 하고 관공서에 신고할 때만 건축주 직영공사로 신고하는 경우가 많았는데, 이때 건축에 지식이 적은 건축주들이 양심불량 시공자에게 많은 피해를 입었고 사안에 따라서는 사회적으로 큰 이슈가 되기도 했었습니다. 이에 직영건축의 문제점을 파악한 관계 당국에서는 건축주가 직접 자신의 집을 짓더라도 건축전문가인 현장관리인을 선임하여 건축주를 대신하여 현장의 일들을 돌보게 하였습니다.

저도 제도의 취지에는 공감할 수 있지만, 현장관리인 자격에 대해서는 부정적인 시선을 가지고 있습니다.

현장관리인 자격 요건은,
① 건설관련 국가자격증 취득자
② 국내/외 건축관련학과 졸업자
③ 국토부장관이 고시하는 교육기관에서 건설기술관련 교육과정을 6개월 이상 이수한 자
④ 건설기술자신고자
로 규정하고 있습니다. 그런데 첫 번째 기술된 기능사 자격증만 있어도 된다는 조항이 문제가 좀 있습니다.

예를 들어, 도배자격증이 있어도 현장관리인이 될 수 있습니다. 그런데 상식적으로 생각해 봐도 도배자격증이 있는 분 중에서 주택건축의 전 공정을 이해하고 현장에 상주하며 작업 지시를 할 수 있는 분이 몇이나 있을까요? 타일이나 방수, 도장자격증도 마찬가지입니다. 현장에서

는 그런 일들이 불가능한 상황인데 규정으로는 가능합니다. 또 현장관리자 세부사항을 보면 '현장에 상주하여야 한다.'라는 조건이 있습니다. 즉, 위 4가지 조건을 갖춘 건설기술자이면서 4대보험이 되는 직장을 다니지 않는 사람을 현장관리자로 채용할 수 있다는 것인데 그런 사람을 찾기가 어렵고, 항상 상주해야 하는 규정 때문에 직장을 다니고 있는 지인의 자격증을 빌릴 수도 없어 결국 자격증을 빌려 현장관리자 신고를 하게 되는 경우가 간혹 있습니다.

　자격증을 빌리는 가격은 지역별로 조금씩 다르고, 상황별로 조금씩 다르기는 하지만 분명 적지 않은 비용은 지불되는 것이 통상적입니다. 시간이 지나면서 제도적 보완도 되고, 입법취지에 맞게 개선책도 나올 것이라 믿습니다. 그때까지는 예비건축주중에 여유시간이 되시고, 직영건축을 계획하시는 분이 있다면 건축관련기능사 자격증을 미리 취득하시는 게 좋습니다. 건축주 본인이 자격증이 있다면 현장관리인으로 등록할 수 있기 때문입니다. 미리 취득한 자격증으로 본인이 현장관리인으로 등록한다면 최신형 TV 1대 값은 충분히 아끼실 수 있습니다.

　자격증을 따는 것이 그렇게 어렵지도 않습니다.

　자격증 종류에 따라 필기시험 없이 실기시험만 보는 것도 있고, 사설학원에서 1일 실습수업만으로도 합격이 가능한 자격증도 있기 때문에 이틀의 시간만 투자하신다면 충분히 자격증을 취득할 수 있습니다.

3. 직영건축 면적 제한이 의미하는 것은

　직영건축 면적의 규모가 200㎡로 2018년 6월 27일부터 시행되었습니다. 당초 85㎡로 논의가 되었으나 결론은 기존의 660㎡에서 200㎡로 변경되었습니다. 이는 기존에 소규모 다가구 주택을 직영건축(종합건설업면허불필요)으로 건축하던 행위가 이제는 불가능하고 200㎡를 넘는 모든 건축물은 종합건설면허가 있는 업체가 시공을 하여야 한다는 의미입니다. 직영건축에 관련된 현장관리인 제도는 200㎡를 초과하는 건물을 지을 때는 아무 상관이 없는 제도가 되어 버립니다. 누가 뭐래도 건축주들이 집을 지을 때 1순위 희망사항은 싸고 좋은 집입니다. 아무 생각 없이 무조건 싸고 좋은 것을 찾는 것이 아니라 똑같은 건물을 기준으로 싸게 지을 수 있는 방법이 있다면 당연히 건축주는 주저 없이 그 방법을 선택할 것입니다. 같은 건물을 종합건설회사와 개인시공업체가 지었을 때 개인시공업체가 싼 것은 당연합니다. 종합건설회사는 현장뿐 아니라 본사의 인건비나 관리비 등도 계산하여야 하기 때문에 총 비용이 개인시공업체에 비해 많이 높아지게 됩니다. 그래서 건축주는 비용 문제 때문에 직영공사인 것처럼 관공서에 서류를 제출하고 실제는 개인업체에게 맡겨 공사를 하게 되는 경우가 많았는데 이제는 불가능합니다. (다가구, 다세대는 면적에 상관없이 종합면허를 가진 업체만 건축할 수 있습니다.)

주차장 확보를 위해 유사한 모습의 다가구 주택들(저자 촬영)

'당연히 종합건설면허가 있는 업체가 하여야 하는 것이 맞는 것 아닌가?'라고 생각하실 수도 있지만, 위의 사진처럼 우리나라 주택가, 특히 빌라 밀집지역에 가보면 1층은 필로티(piloti) 구조로 주차장으로 사용하고 2층부터는 주거용으로 사용하는 4층짜리 작은 건물들을 흔히 볼 수 있습니다. 이런 건물들이 예전에는 종합면허 없이 직영시공이 가능해서 건축주가 직접 짓거나, 개인업체를 선정한 후 직영공사인 것처럼 공사를 하게 되면 시공비가 비교적 저렴하기 때문에 전국적으로 엄청나게 많이 지어졌지만, 지금은 종합건설면허를 가진 회사에서 지어야만 하기 때문에 예전에 비해 착공수는 줄어든 반면 시공비의 절대 가격이 상승했다고 볼 수 있습니다. 물론, 시공품질을 상향시키고 건축주의 피해를 어느 정도 줄일 수 있다는 긍정적인 부분도 있지만 건축비가 상승해서 건축주의 부담이 늘어나게 되었습니다. 그 결과 건축비의 부담을 조금이라도 줄이고자 불법적인 종합면허 대여가 늘어나게 되면서 건실한 건축주나 개인시공업체라 하더라도 전문적으로 면허를 대여해 주는 일부 업체를 잘못 만나게 되면 면허대여 업체에게 사기를 당하는 경우도 발생하게 되었습니다. 제 생각에는 소규모 건축전문면허나 주택전문면허를 만들어 시공자의 진입장벽을 낮추어 주고 제도권에서 그 업체들을 관리하게 한다면, 소비자들은 비교적 저렴하고 안전하게 건축을 할 수 있지 않을까 생각해 봅니다.

이젠 주택이라 하더라도 60평 이상이라면 종합건설면허가 있어야 시공이 가능하게끔 건축법이 바뀌었기 때문에 미리 대비해 두어야 하겠습니다.

4. 내진설계의무화는 돈이 두 번 듭니다

    이 제도는 2017년 12월 1일 시행된 것이지만, 필자가 책을 쓰고 있는 지금도 건축업계에서는 말이 많은 주제입니다. 신고주택, 허가주택에 관계없이 모두 적용되는데 사실 목조주택의 경우 내진설계의무화 이전에는 지진에 안전하다는 인식이 강해서 지진에 대한 설계 및 시공에 대해 크게 신경 쓰지 않았지만, 내진설계의무화 직후에는 혼란을 겪기도 했습니다. 내진설계란, 말 그대로 지진에 대비하여 건축물의 구조(뼈대)를 튼튼하게 설계하는 것입니다. 바람과 지진을 컴퓨터프로그램에서 가상으로 테스트를 해 보고 구조설계도면을 작성하는데, 쉽게 설명하자면 목조주택은 바람을 견디게 구조설계가 되었으면 지진은 통과되고, 철근콘크리트 주택의 경우 지진을 견디면 바람 테스트를 통과하게 된다고 생각하시면 됩니다. 즉, 목조주택은 바람에 대비한 보강을 철근콘크리트주택은 지진에 대한 보강작업을 한다고 생각하시면 쉽게 이해가 되실 겁니다. 목조주택에 대해 이렇게 자세하게 설명드리는 이유는 주택의 경우 내진설계의무화 법률 시행 이후 구조기술사의 구조계산서(약 50장)가 아닌 건축사의 내진설계확인서(1장)로 대체가 가능하게 민원인의 입장에서 제도적으로 좋은 규정을 만들어 놓았지만, 철근콘크리트나 경량철골, H빔 등 목조주택을 제외한 다른 구조의 집들은 건축사들이 내진 확인서를 직접 작성하는 데 반해, 목조주택은 구조기술사사무실에 의뢰를 많이 하시기 때문에 외주 비용이 발생되기에 건축주의 비용부담이 늘어나므로 그 배경에 대해 자세히 설명드리는 것입니다. 바꾸어 말하면 내진설계도를 요식행위로 인식하고 도면의 비용적인 측면에서만 본다면 일반적인 규모의 주택 내진설계는 건축사의 확인서만 있으면 시공이 가능하며 구조기술사에게 지급하여야 할 비용은 없고 설계를 담당한 건축사 사무실과 내진확인서 금액을 협의하시면 비용이 절감된다는 것입니다.

이렇게 안전에 관련된 중요한 작업을 하는 구조기술사분들은 지금도 그 수가 부족하지만 제도 시행 당시에도 그 수가 부족했었고 목조주택에 대해 해박한 지식을 가지고 있는 구조기술사는 더 부족한 상황입니다.

2018년 1월 기준 건축사사무소는 12,888개소, 구조기술사사무소는 402개소로 비교 자체가 불가능한 수준이었으며 산업의 구조상 건축사사무소에서 구조기술사사무소로 일을 의뢰하는 경우가 많은데, 목조주택은 이미 설명드렸듯이 건축사들도 많이 접해 보지 않은 구조이기에 구조기술사분들도 많이 접해 보지 않았던 터라 일을 진행하기 어려울 정도로 어려움이 있었습니다.

주택의 경우 규모가 크지 않기에 내진구조설계의 용역 비용도 구조기술사들 입장에서는 큰 수익이 아닌 데다, 평소 자주 하던 일이 아니기에 시간은 더 많이 소요되다 보니 일부 구조사무소에서는 일을 꺼리는 경우도 있었고, 몇몇 건축사사무소에서는 목조주택은 거래하는 구조기술사사무소가 없으니 직접 알아보고 의뢰하라는 일도 있었습니다.

그러나, 무엇보다 혼란스러웠던 것은 구조설계도면 가격에 있습니다.

2018년초 단독주택 기준으로 구조기술사 사무소에 따라서 150만 원~350만 원으로 다른 금액을, 기간도 2주~6주까지 다르게 안내해 주었습니다. 건축주도 시공자도 작은 주택에 대해 구조설계를 해 본 경험이 없으니 구조설계 비용을 알고 있지 않은 상황이었고, 기간이 왜 다른지에 대해서도 이해가 부족했던 시절이었기 때문에 혼란이 더 가중될 수 밖에 없었습니다.

내진설계도에서 중요한 세부사항을 쉽게 좀 더 설명하자면, 예를 들어 내진설계의무화 이전에 100개의 나무로 집을 지었다고 가정해 보면 내진설계의무화 이후의 집들은 130개 정도의 나무가 필요한데 구조를 계산하는 방법과 나무를 보강하는 방법 등에 따라서 130개가 될 수도 200개가 될 수도 있는 것이 핵심입니다. 즉, 구조기술사들이 해박한 지식으로 꼼꼼히 구조계산을 한다면 골조공사비가 적게 들 수도 많이 들 수도 있는데, 같은 집이라 해도 구조기술사무실 별로 도면의 가격 차이가 200만 원이 발생할 수 있지만 각각의 도면대로 시공했을 때 시공 비용은

1,000만 원 이상 차이가 날 수도 있습니다, 하지만 이렇게 시공비가 차이나는 구조설계는 작업을 의뢰해서 내진구조도면을 보지 않고는 사전에 알 방법이 없으니 갑갑한 것은 지금도 마찬가지입니다.

그마나 이제는 시간이 조금 지나서 '잘한다'는 입소문이 난 구조기술사 사무실도 있고, 기간이나 비용도 시장에 공유된 정보들이 많아서 점점 나아지고 있는 추세입니다.

내진설계에 대해 예비 건축주들이 꼭 참고하셨으면 하는 이야기가 있습니다. 모든 주택에 대한 내진설계가 의무화되었기에 확인서의 형식이건, 구조도의 형식이건 공공기관에 내진도면이 접수는 되지만, 현장에서는 내진설계도면대로 지어지지 않는 경우가 있다는 것을 아셨으면 합니다. 물론 아주 일부이고 드문 경우이기는 하지만 분명 어딘가에서는 누군가가 하고 있을 것입니다. 내진설계는 기초와 골조(뼈대)에 대한 내용이 거의 모든 내용이라고 말할 수 있는데 일부 시공업체에서는 견적서 제출시 내진도면을 무시하고 철근의 양을 줄이거나 기초의 높이를 임의로 수정해서 콘크리트 양을 줄인 견적서를 제출하는 경우가 있습니다.

제 사견이지만 사실 경량목조주택만 생각해 본다면 내진설계도면대로 기초 타설 시 철근 양이 좀 과하다고 생각합니다. 아마 제와 비슷한 생각을 하시는 분들도 분명 계실 겁니다. 하지만 제 생각이 그렇다고 해서 도면을 무시하거나, 도면과 다르게 시공을 해서는 절대 안 됩니다. 그러나 일부 시공사는 "수십 년 동안 이렇게 했는데도 아무 문제없다. 건축비 줄이자."라며 건축주에게 내진설계와 다르게 시공하자면서 종용하는 경우도 있습니다. 그나마 이런 말이라도 하는 사람은 양심적(?)인 사람입니다. 건축주에게는 사전에 말 한마디 없이 도면을 무시하고 자기만의 시공 방법으로 견적서를 제출하기도 합니다.

이럴 경우 업체 간 견적 금액의 차이 때문에 건축주는 좋은 시공사를 오해하기 쉽습니다. 도면대로 시공하려는 업체는 비싼 견적이 될 수 밖에 없고 도면을 무시한 업체는 견적 가격이 싸기 때문에 계약 성사율이 높아지기 마련인데 이런 요인들 하나하나가 결국 추후의 분쟁의 확률도 높아지게 합니다. 일부 시공회사의 이러한 눈속임(?)이 가능한 이유는 기초와 골조는 공사를 시작한 지 얼마 지나지 않아 덮여 버려서 눈에 보이지 않기 때문에 파 보지 않고서는 알 수가 없기 때문입니다.

안전을 위해서 시작한 내진설계의무화가 국민의 안전을 위해 큰 역할을 하는 것은 맞지만 일부 도면을 무시하는 업체에게는 가격경쟁력을 향상시켜 주는 제도가 되어 버린 것이 현실입니다. 그러나 대다수의 많은 업체들은 그렇지 않으니 "그냥 그런 업체도 있구나, 조심해야겠다." 정도로 생각해 주시고 여러 견적서를 비교하실 때에는 철근의 물량이나 레미콘의 물량이 현저히 적은 업체는 주의하시기 바랍니다. 또는 견적서를 제출하는 업체들에게 기초 콘크리트와 철근, 골조의 물량은 반드시 내진도면에 있는 대로 물량을 산출해서 제출하라고 미리 가이드라인을 정해 주서야 그나마 공정한 견적비교가 가능합니다.

5. 단열 기준 강화 규정이
건축비에 미치는 영향

2018년 9월 1일부터 개정된 에너지절약 설계 기준이 적용되고 있습니다.

개정 전에는 우리나라를 중부지역, 남부지역, 제주지역 3개의 권역으로 구분해서 관리를 하다가 개정 후에는 중부1지역, 중부2지역, 남부지역, 제주지역으로 4개 권역으로 세분화해서 에너지 사용을 줄이기 위해 단열성능을 강화한 주택을 짓도록 유도하는 것이 주요 내용입니다. 가장 큰 변화는 제천, 봉화, 청송 지역이 중부1지역으로 포함되었습니다. 위도 수치상 중부2지역으로 오인할 수 있지만, 우리나라에서 가장 추운 지역으로 구분한다는 것입니다.

중부1지역: 강원도(고성, 속초, 양양, 강릉, 동해, 삼척 제외), 경기도(연천, 포천, 가평, 남양주, 의정부, 양주, 동두천, 파주), 충청북도(제천), 경상북도(봉화, 청송)

중부2지역: 서울특별시, 대전광역시, 세종특별자치시, 인천광역시, 강원도(고성, 속초, 양양, 강릉, 동해, 삼척), 경기도(연천, 포천, 가평, 남양주, 의정부, 양주, 동두천, 파주 제외), 충청북도(제천 제외), 충청남도, 경상북도(봉화, 청송, 울진, 영덕, 포항, 경주, 청도, 경산 제외), 전라북도, 경상남도(가창, 함양)

이상의 지역이 중부1, 2지역입니다. 남부와 제주는 중부지역에 비해서는 단열 기준이 높지 않고 중부1, 2지역 외에는 남부나 제주지역이라 별도로 기재하지는 않았습니다. 정부의 제로에너지 의무화 로드맵을 보면 시간이 지날수록 단열 강화, 혹은 제로에너지 주택에 대한 기준은 강화될 것이 확실합니다.

제로에너지건축물 의무화 로드맵

'20년	'23년	'25년	'30년
공공건축물 (연면적 1천㎡ 이상)	공공건축물 (5백㎡ 이상)	민간건축물 (1천㎡ 이상) 공동주택 (30세대 이상)	민간·공공 건축물 (연면적 5백㎡ 이상)

출처: 산업통상부

그럼, 단열 강화와 건축비는 무슨 관계가 있을까요?

단열이 강화되면 무조건 좋다고 생각하실지도 있지만, 현실은 그렇지 않은 경우도 있습니다.

첫째로 단열 기준이 강화되면, 단열공사비뿐 아니라 그와 관련된 건축비도 상승합니다. 단순히 두꺼운 단열재(높은 등급)를 사용해서 억지로 규정에만 맞게 시공할 수도 있겠지만, 열교와 기밀 등 건축공학적 관점으로 본다면 단순히 두꺼운 단열재로 해결되는 것이 아니라 수반되어야 할 시공이 늘어나게 됩니다. 그리고 만약 내부에 단열재를 시공하게 될 경우에는 단열재의 두께가 두꺼워진 만큼 실내공간이 작아지게 되어, 같은 수준의 실내공간을 확보하기 위해서는 건축물이 그만큼 커져야 하므로 예산을 효율적으로 사용하기 위해서는 보다 철저한 계획이 필요입니다. 물론 단열재 가격과 그에 따르는 부자재 가격 및 공정이 추가되어, 공기가 길어짐으로 인해 발생하는 인건비와 제반 비용이 상승하는 것도 충분히 고려되어야 합니다.

둘째로 단열 기준 강화에 대한 관심과 규정은 점점 강조되어 가고 가지만, 환기에 대한 규정은 그에 미치지 못합니다. 위에서도 언급했듯이 단열은 기밀과 열교를 잡는 것이 중요한데 이는 실내와 외부와의 공기 흐름을 차단하는 것을 더욱 견고히 하게 되고, 이렇게 환기가 되지 않는 주택은 건축구조물과 건강에도 좋지 않은 영향을 주게 됩니다. 이를 보완하기 위해서는 열 회수 환기 장치가 필요합니다. 그런데 이를 설치하는 비용이 적지 않습니다.

열 회수 환기 장치란 기계가 강제적으로 환기는 하지만, 내외부 온도 차이를 기계내부에서 조절하는 기능을 가지고 있어서 여름과 겨울철 내부 온도를 유지하면서 외부의 공기를 실내로 유입시키고 실내의 공기를 배출하는 시스템을 말합니다. 회사별로 용량별로 가격대가 다양하지만

300만 원~2,000만 원 사이의 제품이 주로 이용됩니다. 구입 시 주의할 점은 제품의 가격과 설치비만 생각해서는 안 된다는 것입니다. 환기 장치의 용량별로 파이프의 크기가 다를 수는 있지만 통상 천장 위로 많은 배관 파이프가 지나가야 하기 때문에 일정 공간이 확보되어야 하는데, 이는 건물 전체의 체적 면적이 늘어나야 가능합니다.

　예를 들어, 공사 완료 후 실생활에서 보이는 거실의 높이를 3.2m로 하고 싶다고 가정한다면, 오른쪽 사진에서처럼 실제 건물의 골조(건물의 뼈대) 높이는 더 높게 한 후에 그 아래 배관을 하고 배관 아래에 별도의 부재를 시공한 후에 마무리 공정을 하여야 합니다. 왼쪽의 사진에서 보

이는 네모난 큰 상자가 환기 장치인데 장치의 두께도 작지 않고 장치에 연결된 파이프들의 두께도 작지 않은 크기라서 2장의 사진에 보이는 장치들을 천장에 모두 보이지 않게 시공하려면 집 전체의 높이가 높아져야 하고, 집 전체의 높아진다는 것은 내외장재뿐 아니라 골조공사에서도 비용이 더 들어가는 선행 작업이 이루어져야 환기 장치의 설치가 가능하다는 것입니다. 물론 최근에는 기존 건물에도 벽체만 뚫고 설치하는 장치가 판매되고 있지만 그 역시도 가격이 저렴한 것은 아니고 보급도 천장형에 비해 보편화된 것은 아니기에 자세한 설명은 생략합니다

환기 장치의 중요성을 얘기하고 있지만 단열재만 등급이 높은 것을 사용하고 환기 장치는 하지 않는 집이 대다수라는 것을 잘 알고 있습니다. 그럴 경우 창문을 열어서 환기를 해야만 하는데 지난겨울엔 체감온도가 영하 30도 가까이로 떨어지며 러시아보다 추운 날도 많이 있었고, 봄에는 황사, 여름에는 집중호우, 특히 이제는 계절을 가리지 않고 매일 저녁 뉴스에 등장하는 미세 먼지들은 마음껏 창을 열어 놓을 수도 없게 합니다. 그럼에도 많은 전문가분들은 환기는 꼭 시켜야 하는 건강의 필수 요건 중 하나라고 말합니다. 건강한 가족과 건강한 집을 생각한다면 단열 못지않게 환기도 중요합니다.

셋째로 쾌적함이 떨어질 수 있습니다. 어린 시절 주택에 사셨던 분은 아파트에 처음 가서 잠자리에 들 때 느꼈던 더운 온도와 답답함을 기억할 겁니다.

실제로 제가 겪은 일화 하나를 말씀드리겠습니다. 1960년대 지어진

단독주택에서 사셨던 부부께서 더 이상은 수리가 어려울 만큼 집의 상태가 좋지 않아 구옥을 허물고 새로운 주택을 지으셨습니다. 정들었던 집이 허물어지는 모습에 아쉬움과 시원함이 동시에 얼굴에 묻어나실 때쯤 제게 강력하게 요구하신 사항은 따뜻한 집과 뜨거운 물을 받아 집 욕조에서 목욕하는 것이었습니다. 중부2지역이었지만 중부1지역의 기준도 넘어서는 단열재와 창호 등을 사용하였고, 1등급 제품 중에서도 예산 안에서 가능했던 최상위 스펙의 제품을 사용하여 시공을 해 드렸습니다. 건축 내내 흡족해하셨고 기대 반 설렘 반으로 입주를 하셨을 때 아무도 예상치 못한 문제가 발생했습니다. 낮 시간은 그나마 괜찮았는데 잠자리에 드실 때는 도저히 참을 수 없는 상황이 발생한 것입니다. 그간의 취침 환경은 바닥은 뜨겁고 방 안 온도는 낮았던 반면 새집의 바닥은 뜨겁지 않고 실내온도는 높아 숨쉬기가 힘들어 잠을 잘 수가 없다고 하소연을 하신 것입니다. 당사자가 아니면 별것 아니라고 여기실 수도 있지만, 정작 본인들은 숙면을 취하지 못하는 날이 계속될수록 참기 어려운 고통을 호소하셨고 급기야 한겨울에도 창을 조금 열어 놓아야 잠을 잘 수 있게 되셨습니다. 당시에는 저도 건축주 부부도 난감한 상황이었습니다. 상당한 시간이 흘러 이제는 고통을 호소하시지도 않으시고 난방비가 적게 나온다며 만족해하시지만, 지금도 저만 보면 그때가 떠오른다며 종종 말씀하십니다. 사람의 신체는 놀라워서 적응도 잘하지만 갑작스러운 변화에 숙면을 취하지 못할 경우 병을 유발할 수도 있습니다. 〈고단열=저에너지〉 이러한 공식은 물리학에서는 맞는 얘기이지만 저에너지가 생활습관과 건강이라는 인자를 만나게 되면 계산의 영역을 벗어난다는 것을 생각해 주시기 바랍니다.

6. 재해예방기술 지도 비용

기존에도 있었던 제도이지만 건설산업 재해예방 강화를 위하여 공사비와 공사기간을 낮추어서 제도의 해당 범위를 확대한 것입니다. 「산업안전보건법」 제73조 및 동법 시행령 제59조에 의거 공사금액이 1억 원이상 120억 원(토목공사는 150억 원) 미만인 공사를 하는 자와 「건축법」 제11조에 따른 건축허가의 대상이 되는 공사를 하는 자는 건설재해예방 전문 지도기관에서 건설 산업재해예방을 위한 지도를 받아야 한다고 규정하고 있습니다. 재해예방 기술지도 제외 대상은 공사기간이 1개월 미만인 공사, 육지와 연결되지 않은 섬 지역(제주도 제외), 사업주가 안전관리자의 자격을 가진 사람을 선임(같은 광역지방자치단체의 구역 내에서 같은 사업주가 시공하는 3개 이하의 공사에 대하여 공동으로 안전관리자의 자격을 가진 사람 1명을 선임한 경우를 포함)하여 안전관리자의 업무만을 전담하도록 하는 공사, 유해위험방지계획서를 제출해야 하는 공사입니다.

쉽게 설명드리면 2020년 1월 1일부터 안전관리자를 선임하지 않은 1개월 이상 1억 원 이상의 공사는 재해예방전문 지도기관과 계약을 해야 합니다. 계약을 하지 않고 공사를 했을 때 과태료를 부과하지만 과태료의 문제가 아니라 공사를 시작하기 위해 착공계를 제출할 때 재해예방기술 지도업체와의 계약서가 첨부되어야 접수가 가능하고, 공사 완료 후 사용승인(준공검사)을 위한 서류 제출 시에도 재해예방기술 지도완료서가 제출되어야 하므로 계약을 하지 않고 공사를 하는 것은 불가능합니다. 부연 설명을 드리자면 재해예방기술 지도자격을 갖춘 업체와 계약을 해야 하며 공사현장주소를 기준으로 서울청(서울 전 지역), 중부청(경기, 인천, 강원도 전 지역), 대전청(대전, 충남, 충북, 세종시), 부산청(경남, 울산, 부산), 대구청(대구, 경북지역), 광주청(광주, 전남, 전북, 제주지역)으로 구분되어 있어 각 권역별 업체를 선정해야만 합니다. 비용은 사무실별, 지역별, 공사별로 구분되어 있으나 주택의 경우 계약 금액에 따라 변동이 있지만 월 2회 지도를 기본으로 하고 있으며 1회 비용은 대략 15만 원~35만 원 정도입니다. 3개월 공사에 6회의 지도를 받는다면 대략 300만 원 정도의 비용이 소요됩니다. 직영건축의 경우 건축주가 직접 계약하셔야 하고 종합건설업체의 경우 비용부담은 협의 사항인 경우가 많습니다. 더 자세한 것은 각 권역별 재해예방기술지도업체에 문의해 보시는 게 정확한 방법입니다.

7. 산재보험가입은 선택이 아닌 필수

    종합건설업체와 계약할 시에는 건축주가 별도로 가입할 필요가 없습니다. 직영건축일 경우에는 건축주가 반드시 가입하셔야 합니다. 간혹 면적이나 금액을 얘기하며 의무가입과 제외 조건 등을 설명하는 분이 있는데 그냥 무조건 가입하시는 것이 좋습니다. 가입하는 것도 근로복지공단(1588-0075)으로 연락하시면 어렵지 않게 가입이 가능하며 절차도 복잡하지 않습니다. 간략하게 설명드리면 산재보험 가입신청서와 설계도에 있는 건축개요, 그리고 신고필증을 보내시면 됩니다. 주의하실 점은 가입 다음날부터 효력이 발생되므로 반드시 공사 시작 전에 가입하셔야 합니다. 만약, 기존 구옥을 철거 후에 새로 집을 지어야 할 경우에는 철거공사 전에 산재보험을 가입해서 신축주택공사와 구옥철거공사를 같이 보험혜택을 누릴 수 있게끔 하시는 것이 좋습니다.

건설공사의 용도별구조별 표준단가

(단위: 원/㎡)

구조별 / 용도별	철골철근	철근콘크리트	철골조	연와조	시멘트벽돌조	목조	시멘트블럭조	통나무조	경량철골조	철파이프조	스틸하우스조	흙토조
단독주택	1,001,000	897,000	768,000	779,000	745,000	719,000	499,000		456,000		998,000	1,090,000
통나무주택								1,083,000				
다가구주택	825,000	744,000	705,000	684,000	644,000				426,000		824,000	
다세대주택	835,000	809,000		730,000	682,000	616,000	459,000		439,000		850,000	
근린생활시설	744,000	668,000	581,000	627,000	642,000	533,000	427,000		382,000	213,000	727,000	

출처: 법제처

보험료 산정은 표준단가를 기준으로 하는데, 예를 들어 84㎡의 목조주택을 짓는다면,

총 공사비 : 719,000(표준단가)×84(면적)=60,396,000

노무비율 27% : 60,396,000×0.27=16,306,920

산재보험료율 3.8% : 16,306,920×0.038=619,662

위의 계산은 반드시 필요하지만 공사비에 비하면 큰 금액이 아니라는 이해를 돕기 위한 예시이고 정확한 금액은 근로복지공단의 안내를 받으실 것을 권해 드립니다. 산재보험 가입은 선택이 아닌 필수입니다.

8. 계약서 작성 시
건축주를 보호하는 꿀팁

집 짓기에 관련된 언론기사를 보거나, TV 방송을 볼 때 출연자들이 건축 계약서를 작성할 때 피해 예방을 위해 건축주가 꼭 체크해야 하는 세 가지 항목에 대해 자주 얘기합니다.

가. 건설업 면허를 확인할 것
나. 시방서를 꼭 받을 것
다. 하자이행보증보험증권을 꼭 받을 것

이렇게 세 가지입니다. 그런데 현실에서는 세 가지 다 허황된 얘기일 확률이 높습니다. 왜 그런지 그 실상을 하나씩 알려 드리겠습니다.

가. 건설면허를 확인하고 집을 지을 것

우리나라의 건설업 면허 체계는 종합면허와 전문면허 두 가지로 나뉘어져 있습니다.

예를 들어, 아파트를 시공하는 회사는 종합면허가 있는 회사입니다. 그런데 아파트를 짓기 위해서는 전기공사, 설비공사, 방수공사, 페인트 공사, 도배공사 등 여러 가지 과정을 거쳐야만 아파트가 완성되는데 이러한 과정을 모두 종합면허를 가진 회사(시공회사)의 직원들이 일을 하는 것이 아닙니다. 각 공정별 세부작업은 전문면허를 가진 업체에게 하도급을 주어 공사를 하게 됩니다. 즉, 전문면허는 위에서 언급한 전기, 설비, 방수뿐 아니라 더 많은 종목이 전문적으로 구분되어 있습니다. 아파트공사 전체를 책임지고 진행하는 것은 종합면허를 가진 건설회사이고 각 공정별 작업은 전문면허를 가진 건설회사가 진행하는 것으로 면허를 2원화시킨 구조입니다. 이러한 구조로 인해서 "하도급회사", 혹은 "갑질" 등의 단어들이 입에 오르내리는 것입니다.

그러면 집을 짓기 위해서는 어떤 면허가 필요할까요? 전문면허? 종합면허?

위에 언급한 전문면허의 종목 중에 주택시공이나 소규모 건축, 목조건축물시공 혹은 목조골조시공이라는 종목이 아예 없습니다. 그러니 대형건물이 아닌 주택전문 시공업체나 소규모 건축물 전문업체, 목조주택 전문업체 등에서는 전문면허를 갖고 싶어도 가질 수 없습니다. 그러므로 주택을 짓기 위해서는 종합면허가 필요합니다.

"그럼, 종합면허를 하면 되잖아?"라고 얘기하실 수도 있겠지만 그 또

한 만만한 것이 아닙니다.

 종합면허는 5가지 공사업으로 구분되는데, 토목공사, 건축공사, 토목건축공사, 산업환경설비공사, 조경공사가 그것입니다. 5가지 공사업 중에서 집 혹은 소규모 건축물을 짓기 위해서는 건축공사 종합면허를 취득해야 하는데 그 취득자격의 문턱이 높습니다.

 2019년 6월 이전에는 개인 10억 원, 법인 5억 원이었습니다만, 지금은 개인회사는 7억 원+자격을 갖춘 전문가 5인(중급기술인 2인, 초급기술인 3인), 법인은 3.5억 원+자격을 갖춘 전문가 5인(중급기술인 2인, 초급기술인 3인)을 준비해야 합니다.

 예전 법인 최소자본금이 5,000만 원이었던 시절에는 편법(?)이지만 법률서비스업체에 의뢰하면 법인정관이나 회의록뿐만 아니라 5,000만 원에 대한 잔고 증명도 같이 처리를 해 주는 경우가 많아 법인설립이 비교적 수월하게 가능한 시절도 있었습니다. 그러나 요즘 종합건설을 위한 필요 자본금 3.5억 원은 2개월 평균 잔액이 3.5억 원 이상이어야 합니다. 누군가에게 빌려서 하고 싶어도 질권(빌려준 자의 동의 없이는 자기 계좌의 돈도 찾을 수 없게 하는 권리)이 설정된 통장의 잔고는 인정해 주지 않습니다. 즉, 현금 3.5억 원을 2개월 이상 통장에 두어야 하는데, 현금 3.5억 원을 2개월 이상 손대지 않고 고스란히 놔둘 수 있는 사람이 과연 소규모 업체일까요? 2019년 6월 이전 5억 원이었던 때는 주택을 전문으로 짓는 아주 많은 업체들은 면허 없이 공사를 했다고 판단하셔도 크게 틀린 생각이 아닙니다.

규정상 종합건설업에 해당되는 공사여도 1회 공사비가 5,000만 원이 넘지 않는 공사는 면허가 없어도 가능합니다. 그러나 집 한 채에 5,000만 원 미만인 경우는 거의 없고, 종합면허는 없지만 공사비는 5,000만 원이 넘어가는 프로젝트들은 많다 보니 면허가 없는 업체들이 집을 짓기 위해서 가격경쟁력을 앞세워 계약한 후 건축주로 하여금 직영건축을 한다고 착공신고를 하게 하는 경우가 많이 있습니다, 그런데 이러한 일들이 많아지다 보니 문제 발생으로 이어질 확률이 높아지게 되었습니다. 문제가 발생한 건축주의 수가 누적되어 상황의 심각성을 파악한 정부에서도 그 피해를 최소화시키려고 앞서 설명드린 현장관리자제도가 등장하게 된 배경이 되었다 할 수 있습니다.

자본금의 고비를 넘는다 하더라도 상시 고용 기술인력을 채용해야 하는 어려움도 있습니다. 요즘도 간혹 건설회사가 실제 고용은 하지 않고 자격증 대여해서 종합건설면허 설립요건을 충족한 것을 철저히 단속한다는 기사가 나오는 것을 보게 되는데, 자본금이 적은 회사나 개인이 매월 직원 5인의 고정비를 감당하는 것은 결코 쉽지 않은 일입니다. 이러한 두 가지 이유로 많은 업체들이 종합건설면허를 가질 수가 없고, 면허가 없으니 직영건축이라는 탈을 쓴 후 소규모업체들이 공사를 하게 되었고, 그러한 와중에 간혹 부실시공까지 겹치게 되는 악순환이 계속되고 있다고 생각합니다.

종합건설면허를 보유한 업체를 확인하는 가장 간단한 방법은 개인명의로 종합면허를 획득하는 경우는 거의 없기 때문에 명함에 '㈜○○종합건설'이라 크게 적혀 있습니다. 더욱 신뢰가 가는 방법으로는 대한건설협회 홈페이지에서 회사 상호나 대표자 이름을 이용해서 조회가 가능하고 세무서 홈페이지에서는 유효한 사업자등록증 번호인지 확인이 가능합니다. 이렇게 확인 절차를 거쳐서 종합건설면허를 확인했다 하더라도 주의할 것은 간혹 4대 보험이 가입된 정식 직원이 아닌 사람이 계약 성사 시 지급되는 금전을 목적으로 영업용으로만 ○○종합건설회사로 명함을 가지고 다니는 분들이 있습니다. 이럴 경우를 대비해서 계약서 문구 한자, 견적서 숫자 하나라도 꼼꼼히 살펴야 할 것입니다.

나. 시방서를 꼭 받을 것

시방서는 공사를 어떻게 할 것인지에 대한 설명서입니다. 어떤 자재를 얼마만큼 사용해서 어떤 방식으로 시공하겠다는 내용들이 담겨 있습니다. 그런데 원래 시방서는 시공회사가 건축주에게 제출하는 것이 아닙니다. 그런데 소규모 건축에서는 건축주가 시방서를 작성할 능력이 없거나 시공사가 제출하는 것으로 오해하시는 경우가 많고 시공사의 입장에서는 자신이 작성하면 열심히 준비한 것 같아 보이니 영업의 방법 중 하나로 시공사가 시방서를 작성하는 것이 당연시되어 버렸습니다. 시방서를 시공회사가 작성하는 것은 장점도 있지만, 이미 많은 분들에게 언급된 내용인지라 저는 단점에 대해 얘기해 보겠습니다.

소규모 건축이라 하더라도 시방서를 시공회사가 작성한다는 것은 공사 세부사항을 시공사가 정하게 되는 것이고 그러한 행위가 실제 공사에서는 의사결정 주도권을 시공회사가 가지게 되는 단초를 제공하는 것입니다. 시방서나 견적서를 영어단어 외우듯이 정독을 하는 분은 드물기 때문에, 계약서 작성 전에 시방서와 견적서를 수정하지 않고 시공회사가 제출한 대로 공사를 시작하게 되면 건축주가 마음에 들지 않아 변경을 요구하거나, 건축주 자신이 알고 있는 시공 방법과 상이해서 수정을 요구한다 해도 시공회사 입장에서는 이미 제출한 시방서의 내용과 다르기 때문에 당당하게 추가 비용을 요구하는 발판이 되기도 합니다. 물론 상황에 따라 시공회사가 추가 비용을 요구하는 것이 상식적이고 당연한 경우가 훨씬 많이 있습니다. (공사 중 원자재 폭등 등.) 다만, 계약을 위해 공사수주가격을 의도적으로 낮게 책정하고 추후 추가 비용을 요구하거나 저가의 자재나 중요 부자재를 제외한 시공 방법으로 시방서를 작성해서 낮은 가격으로 계약한 후 어처구니 없는 추가요금을 청구하는 방법으로 악용할 수 있는 가능성도 충분히 있기 때문에 주의가 필요합니다.

시방서 작성의 주체를 이해하는 데 좀 더 쉽게 설명하자면, 예를 들어 국가에서 큰 건물을 짓는다고 가정할 때, A, B, C, D 네 개의 건설사가 각자 자기들만의 노하우를 내세우며 다른 방식으로 같은 건물을 짓겠다고 각각의 회사가 4개의 견적서를 국가 주무부서에 제출한다면 어떻게 될까요? 견적서에 대한 비교 검토는 생각도 하지 못하고 그 방식에 대한 적합성검토나 안전성검토 등으로 대부분의 시간을 보내게 될 것입니다. 그러한 문제를 방지하고 공정한 견적검토를 위해 건설회사에 견적을 요청할 때는 이미 각 분야의 전문가의 자문과 분석을 거친 후 공모 등을 통해 설계도를 만들고 시방서까지 작성한 후 그 자료들을 건설회사에 배포해서 견적서를 받게 됩니다. 이렇게 정확한 기준점과 가이드라인 자재사양 등을 먼저 정해 놓고 프로젝트를 시작해야 추후에 발생할 수 있는 문제들을 예방하고 시방서에 기재된 같은 공법, 같은 자재로 여러 견적서를 받아서 합리적인 견적서 검토가 가능합니다.

소규모 건축 현실에서 시방서에 대해 얘기하려면 견적서에 대해 먼저 얘기를 해야 합니다. 주택 1채를 짓기 위해 견적서를 작성한다면 몇 장 정도가 되어야 충분히 세부항목들을 포함하고 있을까요? 필자의 경험으로는 A4용지 30장을 훌쩍 넘어갑니다. 한옥의 경우 100여 장에 가까운 견적서를 제출한 적도 있었습니다. 그러나 글을 읽고 계시는 예비 건축주분들은 앞으로 만나시게 될 많은 업체의 견적서는 3~4장일 확률이 높습니다.

왜냐하면 저도 경험을 했었고 많은 업자들도 이미 경험으로 알고 있는 사실이 견적을 상세히 적어 건축주에게 제출할수록 공사를 수주할 확률이 줄어들고 미래의 자신에게 그 견적서가 족쇄로 다가온다는 것을 알고 있기 때문에 꼼꼼히 모두 기재한 상세 견적서를 제출하지 않으려는 경향이 있습니다.

예를 들면, 같은 공사에 A업체가 견적서 항목 중 기초공사에 대해 1식 10,000,000이라고 견적서를 제출하였고, B업체도 1식 10,000,000을 똑같이 적었다 하더라도 세부항목으로 철근 가격, 레미콘 가격, 펌프카 대여

비용, 철근 가공비, 유로폼 대여비, 이익과 경비 등을 모두 기재하여 그 항목들의 합산 금액이 천만 원인 견적서를 제출하였다고 가정해 보면, 두 견적서를 판단해야 하는 건축주 입장에서는 분명 주위의 지인들에게 견적 금액에 대해 자문을 해 보거나 인터넷 검색을 열심히 할 것이고, 검색결과나 지인의 답변과는 상관없이 좀 깎아 달라고 요청을 하실 수도 있을 겁니다.

"내 친구는 기초를 900만 원에 했다는데, 저는 천만 원이네요. 조금만 깎아 주시면 안 될까요?" 돈을 지불해야 하는 입장에서는 당연히 물어볼 수 있는 얘기입니다. 이때 두 업체의 반응은 다릅니다.

A업체의 담당자는 이런 식으로 대답할 확률이 높습니다. "한국사람은 기분으로 사는 거 아니겠습니까? 고객님이 편하게 말씀하셨으니 저도 시원하게 깎아 드리겠습니다. 하지만 절대 어디 가서 얘기하시면 안 됩니다."

B업체의 담당자는 아마도 이렇게 대답할 것입니다. "사장님께 여쭤봐야겠지만 비용 청구도 없이 현지의 세부 가격을 다 조사해서 성실히 적어 드렸는데도 깎아 달라고 하시니 어찌해야 할지를 모르겠습니다. 기초를 20cm 정도 낮추면 가능할 것 같습니다."

이렇게 다른 반응을 본 건축주들은 많은 확률로 A업체와 계약을 합니다. 공사를 시작도 하지 않았는데, A업체는 말도 통하는 것 같고 담당자가 성격도 시원시원한 것이 공사를 믿고 맡겨도 큰 트러블이 없을 것 같은 예감이 드는데, B업체의 담당자는 말도 통하지 않고 모 업체는 설계도 무료로 해 준다는데 한국사회에서는 들어 보지도 못한 견적 비용만 얘기하고 깎아 주지도 않을 뿐만 아니라 비용을 줄이려면 기초 높이를 낮추겠다니 돈만 밝히는 기본이 안 된 사람으로 인식하기 때문입니다.

A업체와 계약한 건축주의 판단은 현명한 선택이었을까요?

현실에서는 A업체와 계약한 건축주들이 공사 중 여러 문제가 발생할 확률이 훨씬 높습니다. 문제가 발생하면 A업체는 처음부터 무려 100만 원이나 깎아서 900만 원에 기초공사를 해 주겠다고 했지, 어떤 자재를 얼만큼 사용해서 어떤 높이의 기초를 어떻게 해서 주겠다고 얘기한 적이 없습니다. 즉, A업체는 구체적이고 세세한 약속을 한 적이 없으니 거짓말을 한 것도 없습니다. 철근을 복배근(이단설치)으로 하지 않고 단배근을 하거나 심지어 철근 없이 와이어매쉬를 사용한다고 해도 A업체는 약속 어긴 것이 없는 것입니다. (이해를 돕기 위해 내진설계의무화 이전의 극단적 사례를 설명.) 반면 B업체는 세세한 항목에 대해 모두 금액을 이미 고지하였기 때문에 금액을 깎기 위해서는 자신의 이익을 줄이거나 자재를 줄이는 방법 외에는 뾰족한 수가 없습니다.

간단히 기초에 대해서만 설명한 것이 이러할진대 전체공사로 이러한 가정을 확대한다면 어떤 결과를 가져올지 설명하지 않아도 짐작하시는 대로 10년 늙을 확률이 급격히 상승합니다.

부실한 도면이 부실한 견적서를 낳습니다. 부실한 도면을 가지고 실속 있는 상세견적서를 만들려면 많은 상담시간과 조사기간, 비용이 들어갑니다. 그런데 건축주들은 그 비용을 주려고 생각도 하지 않는 경우가 대부분입니다. 설령 시공업체가 자비를 들여서 제대로 된 견적서를 만들어 제출해도 건축주는 당연한 것으로 생각할 뿐, 견적서 작성을 위해 시간과 비용이 들어간 것을 알 수도 없고 알지도 못합니다. 이렇게 노력해서 제출한 견적서를 일부 건축주는 심지어 금액만 검게 처리하고 세부항목이 모두 적힌 견적서를 다른 업체에게 나눠 주고 자기가 비교하기 쉽게 금액만 적어서 제출하라고 요구하며 다니는 분들도 있습니다. 시공자 입장에서는 시간과 비용을 들여서 아무리 열심히 견적서를 작성해 봐야 무의미한 노력이 되기 일쑤이고 결국은 수주도 스스로 어렵게 만든 꼴이 되어 버리니 세부 견적서를 작성하려 하지 않게 되었고, **세부 견적서를 작성하지 않으니 시방서라는 존재 자체를 없애 버리는 결과를 만들게 되었습니다.**

시방서가 시공 방법에 대한 설명이니 기초공사에 굵기가 몇 m 규격의 철근을 어떻게 배열하고서 어떤 종류의 레미콘으로 몇 ㎥를 시공하겠다고 다 적는 것이 시방서입니다. 하지만 세부내용을 시방서에 다 적으면 그 내용을 토대로 세부 견적서를 만들어야 되는 결과를 가져오니 시방서를 생략하고 그냥 '1식 10,000,000' 이렇게만 적는 것입니다.

시공자 입장에서는 시방서나 상세 견적서보다는 금액을 깎아 주는 것이 수주도 쉽고, 서류작성도 쉽고, 비용도 들지 않는데 사람 좋다는 칭찬까지 들으니 상세 견적서와 시방서를 굳이 제출할 이유가 없습니다. 많은 시간을 들여서 열심히 시방서와 견적서를 준비하는 것보다 금액을 깎는 것이 훨씬 결과도 좋고, 효율적인 방법임을 오랜 경험을 통해 체득한 것입니다. 이러한 이유로 시방서도 상세견적서도 거의 사라지고 없습니다. 누군가 이렇게 얘기하실 수도 있습니다. "나는 시방서, 상세견적서 공짜로 다 받았는데 무슨 소리야?" 그런 경우도 없지는 않겠지만, 절대로 통상적인 경우는 아닙니다. 더 정확히는 이미 시공업체에서 만들어 놓은 양식에 금액과 면적 정도만 수정해서 사용하는 것일 확률이 더 높습니다. 견적서를 자세히 보시면 항목은 있는데 금액은 공란이거나 0원이 적혀 있을 겁니다. 그런 것을 고객님을 위한 100% 맞춤이라 할 수는 없습니다.

다. 하자이행보증보험증권을 받을 것

건축주가 하자이행보증보험증권(이하-보증보험증권)을 받지 못하는 여러 가지 요인 중에 시공사와 건축주의 이익이 맞아서 건축주가 증권을 포기하는 경우가 많이 있습니다.

보증보험증권의 기본 맥락을 먼저 설명하자면, 집에 문제가 생겼을 경우 시공업자와 연락도 잘 되지 않고, 연락이 되더라도 차일피일 시일을 미루기만 할 뿐 문제사항을 수리해 주지 않을 때 건축주가 먼저 수리를 하고 증권회사에 수리비를 청구를 해서 수리비를 받고 보험회사는 건축주에게 지불한 금액을 시공업자에게 청구를 하는 것이 기본적인 시스템이라 할 수 있습니다. 그런데 보증보험회사도 이익을 추구하는 회사이다 보니 아무에게나 보증보험증권을 발행해 주지는 않습니다. 기본적인 요건이 갖추어져야 하는데, 첫 번째가 시공사의 건설면허이고, 두 번째가 시공자의 담보능력(면허가 없는 업체)이며, 세 번째가 부가가치세 납부입니다. 즉, 직영공사로 착공계를 제출하였지만 시공자가 따로 있는 경우에 건축주가 보증보험증권 발급을 요청하게 되면 시공자는 부가세를 요구할 것이고, 설령 부가세를 모두 지급하였다고 하더라도 시공자의 신용도 혹은 담보능력에 따라서 발급이 불가능한 경우도 있습니다.

그런데 더 현실적으로 말씀드리자면 상식적으로 집이 무너지지 않는 한 시공업자가 오지 않아도 인근의 업체를 불러 수리를 한다면 몇십만 원 혹은 몇백만 원이면 수리가 가능한 경우가 대부분이라 증권을 받기 위해 적지 않은 금액의 부가세를 지급하려는 건축주는 거의 없다고 생각합니다. 이렇게 영세한 무면허업자와 비용을 부담하기 싫은 건축주가 만나 보증보험증권은 남의 얘기가 되는 경우가 많이 있습니다.

이렇게 피해 예방을 위해 확인해야 할 사항들이 소규모 주택 현장에서는 어떻게 적용되고 있는지 설명드렸지만, 피부로 체감할 수 있는 만족할 만한 수준의 안전한 제도적 장치는 부족한 것이 현실입니다. 소비자의 현명한 판단만이 피해를 줄이는 최선의 방법이라 하겠습니다.

9. 시공회사 선정법과 현장관리방법

전원주택 혹은 소규모 건축을 하고자 하는 분들이 객관적으로 시공자를 검증하거나 평가할 만한 제도적 장치는 없습니다. 어쩌면 그러한 일은 불가능합니다.

건설업 면허 유무로 판단하는 것도 한계가 있습니다. 인터넷에서 몇 번만 검색하면 건설업 면허 매매 광고를 쉽게 찾을 수 있고, 건설업 면허가 있다 해도 '면허=실력'이라는 보장도 없기 때문입니다. 전원주택업계에서는 큰 회사라 하더라도 현장소장의 능력과 협력 업체의 능력에 따라 품질이 달라지기도 합니다. 우리나라의 굴지의 대기업 건설회사에서 지은 아파트는 물론 공기업의 아파트에서도 하자 문제로 뉴스에 등장하는 것이 어제오늘 일이 아님을 잘 알고 계실 겁니다. 거기에다 건축에 대해 지식이 조금 있거나 여기저기 알아본 건축주라면 자그마한 집 한 채를 짓는 데도 하도급제도가 존재한다는 것을 알고 계실 겁니다. 나름의 철저한 검증을 거쳐 실력 있는 시공사와 계약을 해도 하도급업체 실수를 하는 일도 있으니 미리 대처할 방법도 없고 몇몇 회사는 모든 공정을 하도급을 주는 경우도 있어서 그 회사가 내 집을 직접 지어 준다는 보장도 없습니다. 그렇다고 아파트나 초대형 건물을 짓는 유명 건설회사들이 작은 주택을 지어 줄 리도 없기 때문에 시공회사를 선정할 때에는 많은 분들이 더욱 어려움을 느끼게 됩니다.

부실한 도면을 가지고 부실한 견적서를 어렵게 분석해 가며 가장 적당한 금액을 제시한 업체를 찾기는 했는데, 그 업체가 꼼꼼하게 시공을 잘 해 줄지, 꼼꼼하지는 않아도 좋으니 날림공사만 해 주지 않기를 바랄 수밖에 없는 것이 현실입니다. 일부 건축주들은 그 업체의 실력도 검증할 겸 정말 일은 잘 하고 있는지 확인도 할 겸 마음에 두고 있는 시공사의 현장을 찾아가 구경을 해 보기도 하지만, 현장을 갔다 와서도 "눈으로 보고 왔으니 할 만큼은 했다."라는 자위만 할 뿐이지 실제 잘하고 있는 것인지는 판단할 능력이 없습니다. 시공 현장을 몇 번 보았다고 시공사의 능력을 판단할 지식이 있는 분이라면 더 이상 이 책을 읽지 않으시길 권해 드립니다. 그런 분들이 집 짓기가 어려울 리 없습니다.

그럼, 시공자를 선정할 때 어떻게 해야 할까요?

가. 예전 건축주

최선의 방법은 시공회사에게 그동안 시공한 집들 중에 공사 완료 후 이미 입주해서 살고 있는 집주인들을 가능한 많이 만나게 해 달라고 요구하시는 것이 그나마 가장 좋은 방법입니다. 건축주와 어떠한 이유에 서건 자주 좋지 않게 끝맺음을 시공회사도 존재하기 때문에 마음에 두 셨던 시공회사의 과거 건축주에게 직접 듣는 것이 가장 좋습니다. 지금 공사 중에 있는 현장에 가 보는 것은 예비 건축주 입장에서는 의미 있는 행동이 아닙니다. 방문을 하지 말라는 것이 아닙니다. 더 중요한 것은 건축에 대한 전문지식이 없는 일반인들이 입주해서 살고 있는 선배(?) 건축주를 만나 그들의 입을 통해 시공자의 실력과 하자 발생 시 대응, 습 관, 인성 등에 대해 들어 보는 것이 훨씬 더 의미 있는 시간입니다. "그들 이 그런 걸 설명해 줄까?"라고 걱정하실 수도 있지만, 일단 가 보시면 "오 길 잘했다." 하실 겁니다.

　시공자의 입장에서는 새로운 건축주를 예전 건축주 집에 방문하게 하 려면 새로운 건축주에게 딸랑 주소만 알려 주고 가라고 할 수는 없습니 다. 예전 건축주에게 상황을 설명하고 새로운 건축주가 방문해도 좋을 지, 괜찮다면 연락처를 줘도 되는지, 언제쯤 가면 될지 등을 먼저 양해를 구한 후 새로운 건축주에게 전화번호를 알려 주는 것이 예의인데. 이러 한 방문 부탁을 할 수 있다는 것 자체가 그간 시공자가 건축주와의 관계 가 어떠했는지 짐작할 수 있게 합니다. 공사 중 다툼이 잦았거나 하자가 빈번하게 발생한 집의 건축주에게는 시공자가 이런 전화를 할 수도 없 을 뿐 아니라 하자가 없었다 하더라도 평소에도 연락을 자주 하지 않았 다면 뜬금없이 연락해서 이러한 부탁을 하기에도 쉽지 않기 때문에 시 공자의 평상시 모습을 유추할 수 있는 근거가 될 수 있습니다.

시공자에게 예전 건축주의 연락처를 받은 후 방문 약속 날짜를 잡고, 그 집을 방문하게 되면 가만히 있어도 그분들이 이런저런 얘기를 할 겁니다. 건축주들끼리 만나게 되면 묘한 동지 의식 같은 것이 있어서 선배 건축주들이 미주알고주알 설명을 해 주고, 특히 자신의 집을 지었던 시공자의 소개로 온 것을 이미 알고 있기 때문에 시공자가 없는 상황에서는 별별 얘기를 다하기 마련입니다.

간혹, 시공사들에게 다른 집의 방문 요청을 했는데, 살고 있는 분의 프라이버시를 운운하며 거절하는 회사가 있습니다. 모르는 사람에게 자신이 살림살이를 보여 주는 일인지라 방문 약속이 어렵다는 말에 수긍하실 수도 있겠지만 속내는 그렇지 않은 경우도 있습니다. 집이라는 것이 한 단어로 설명할 수 없는 묘한 구석이 있어서 건축주는 분명 비용을 지불하고 집을 지었음에도 불구하고 가족의 마음에 쏙 들게 집을 지어 주면 시공자에게 감사함을 느끼게 됩니다. 조금 과장하자면 마치 은인처럼 대해 주시는 분도 있습니다.

그런 고마운 시공자가 가망 고객의 방문을 요청하는데 거절할 사람은 많지 않습니다.

시공도 사람이 하는 일인지라 모든 건축주와 좋은 관계를 유지하며 지낼 수는 없겠지만, 가망 고객(?)에게 자신 있게 소개할 건축주가 없다는 것도 말이 되지 않습니다. 그러니 걱정하지 마시고 당당하게 요청하셔도 됩니다.

나. 돈

'계약하기 전에는 건축주가 갑이지만 도장을 찍고 나면 시공자가 갑이 된다.'

한 번쯤은 이런 얘기를 들어 보셨을 겁니다. 갑, 을이 바뀌는 이유가 뭘까요? 바로 돈 때문입니다. 갑과 을이 바뀌는 이유뿐만이 아니라 문제 발생의 가장 중요한 포인트가 돈이기도 합니다.

"돈이 없으니 더 달라."

"추가금 얼마를 주지 않으면 공사를 할 수 없다." 등등 신뢰가 바닥난 상황에서는 "돈을 먼저 달라." "시공하면 주겠다."의 실랑이가 반복됩니다. 따로 얘기를 듣고 있노라면, 양쪽의 주장이 모두 일리가 있지만, 합의점을 찾기는 어렵습니다. 더구나 시공자가 연락을 끊고 잠적이라도 하게 되면 대화는 고사하고 현장은 텅 비게 되고 건축주가 대응할 수 있는 것도 거의 없습니다.

일부 사기꾼(?)들의 이야기이지만 실제 있었던 사건을 일부만 수정해서 이야기해 드리겠습니다.

우리나라는 앞서 말씀드린 대로 인구의 절대 다수가 공동주택에 살고 있고, 주택 구입 시 대출을 발생시키는 경우가 많아서 부동산 계약 시 **계약금, 중도금, 잔금**이라는 3회 결제 시스템이 당연시되어 있고 대다수의 국민이 거부감이 없습니다. 그러다 보니 자연스럽게 주택건축 계약서에도 3회 결제 시스템으로 계약을 하는 경우가 많은데, 여기서 문제가 발생했던 사례입니다. 총 공사 금액은 3억 원 정도였고, 3회 결제 시스템으로 계약서를 작성하였던 곳입니다. 3회 시스템은 통상 4:3:3이나 3:4:3

혹은 1:3:3:3 등으로 구분해서 돈을 지급하기로 하는 방식이 가장 흔한데 이는 계약 시 40% 혹은 30%의 금액이 지급되거나, 계약 시에는 10%만 지급하고 공사 시작 시 30% 정도가 지급되는 방식으로 사례의 건축주는 계약금으로 50%를 지급하면 총 공사비의 2%를 깎아 준다는 말에 1억 5천만 원을 계약 시 지급하셨습니다. 순조롭게 계약이 끝나고 공사가 시작되어 포크레인도 들어오고 유로폼(거푸집)도 몇 팔레트가 들어와서 쌓여 있고 기초공사에 필요한 비닐이나, 단열재 등도 속속 입고되니 건축주는 흐뭇한 마음에 돼지머리고사를 마치고 집으로 가셨습니다. 그런데 다음날부터 공사현장에는 아무도 없었고 매일 현장을 가지 않는 건축주는 한참이 지나서야 그 사실을 알고 시공회사에 연락을 해 보니, 다른 현장에 있는데 그곳의 입주 일정이 정해져 있어 바빠서 그러하니 죄송하다며 양해를 구했다고 합니다. 자신에게 연락하지 않은 것은 서운했지만, 이사 날짜가 정해져 있다고 하니 충분히 이해할 수 있는 상황이었고 공사 시작 날 입고되었던 여러 가지 자재들도 온전히 있던 터라 별 의심 없이 잘 마무리하고 오라며 덕담까지 해 주셨다고 합니다. 그러나 한 달이 넘도록 오지도 않고 연락도 없어 애만 태우고, 어쩌다 연락이 닿아도 이런 핑계 저런 핑계로 매번 약속을 어겨 어찌할 바를 모르시다가 결국은 소송을 준비하시고 지인 찬스로 소개받은 다른 분에게 공사를 맡기셨는데 연락도 되지 않던 이전 업자가 나타나 자신에게는 납작 엎드려 사과한 후 현재 공사를 하고 있는 시공회사를 경찰에 고발했다고 합니다. 어렵게 지인에게 소개받아 공사를 하고 있는 현재의 시공회사는 자신 때문에 경찰 조사를 받을 처지가 되었고 그 미안함에 이전 시공회사와 고소 취하를 조건으로 공사포기각서를 받고 이미 지급한 계약금을 포기하셨다고 합니다. 그런데 이 얘기는 오래전 얘기입니다. 최근 스토리는 기존 시공회사와 문제가 발생해서 새로운 시공회사를 선정해 공사를 95%~98% 정도 완료할 때쯤 연락도 닿지 않던 기존 시공회사가 나타나서 공사비를 결제해 달라고 합니다. 건축주는 욕도 안 나오고 어이가 없음을 표현하면 기존의 시공회사는 계약서와 계약금 입금 내역 그리고 공사가 거의 완료된 건물 사진을 첨부해서 민사소송을 하였고, 건축주의 패소로 다른 재산이 압류된 상황까지 벌어진 경우도 있습니다. 두 가지 사건 모두 다 많은 부분이 생략된 얘기이지만, 건축주의 심정은 억울함을 넘어 무어라 표현할 수 없는 분노가 평생을 가는 가슴 아픈 얘기입니다.

두 분 모두 3회~4회 결제시스템의 문제였다고 생각합니다. 아무것도 하지 않은 사람에게 억대의 돈이 지급되면 건축주는 시공회사의 눈치를 보게 됩니다. 마음에 들지 않은 부분이 있어도 좋게 지나가려 하는 경향이 강해지고 혹시 싫은 소리라도 하게 되면 공사를 하지 않거나 골치 아픈 일이 생길 것을 우려하게 되어 눈에 거슬리지만 질끈 눈을 감고 마는데 이 모든 이유가 돈을 많이 주었기 때문입니다. 공사를 시작하면 갑과 을이 바뀌는 이유이기도 합니다.

여러 이유로 공사가 중지되고 법정으로 가는 경우에도 이미 돈을 많이 받은 시공사는 아쉬울 것이 없습니다. 법적분쟁이 시작되면 돈이 있는 시공회사는 당초 계약한 완공 시기가 다가와도 상관없고, 살고 있던 집을 팔거나, 전세금을 빼 주거나 받거나, 최악의 경우 이삿짐을 보관 업체에 맡기고 여관방을 전전하는 것도 오롯이 건축주의 몫이지 시공회사 입장에서는 남의 일입니다. 갑과 을은 서로 눈치 볼 것 없이 평등하게 대화하고 의견을 조율하며 일해야 합니다. 그러기 위해서는 약속한 시공을 하고 약속한 금액이 지급되기만 하면 됩니다. **계약 시 공사 금액을 한 번에 많은 금액을 지급하거나 받을 이유도 없습니다.** 위의 상황과 반대로 계약 시 건축주는 계약금을 1500만 원 정도만 지급하였는데, 부득이한 사정으로 시공회사가 건축주의 지급 약속을 믿고 자신의 돈으로 골조공사까지 완료해서 6000만 원 정도의 공사를 하였다면 어떨까요? 아마 시공회사에서는 건축주가 결제를 안 해 주지 않을까 노심초사하며 건축주의 눈치를 보게 될 것이고, 결국 평등한 갑과 을의 관계에는 금이 갈 것입니다. 현장에서 일어나는 소란의 시작은 양자 간의 성격이 맞지 않거나, 감정 싸움이라고 생각하시겠지만, 결국은 돈 문제입니다. 건축주는 정당한 비용을 지불했는데 제대로 시공해 주지 않아 서운함이 쌓여 폭발하는 것이고, 시공회사는 받은 만큼 열심히 일하고 있는데 이상하게 공부한 건축주가 자꾸 무리한 요구를 한다고 생각합니다. 어렵게 시공했던 그간의 노력은 온데간데없이 싫은 소리를 해 대는 건축주에게 서운함이 쌓여 폭발하는 것인데, 모두들 서운한 감정과 말꼬리잡기로 인해 나빠진 감정에 대해서만 얘기하다 보니 핵심인 돈에 대한 얘기는 직접적으로 하지 않고 비껴가는 경우가 많습니다. 감정의 골이 깊어지는 것도 동등한 갑, 을의 관계가 깨지는 것도 결국은 돈 문제입니다. 갑이든 을이든 자신이 손해 보는 상황은 누구도 좋아하지 않습니다. 평등한 관계를 유지하면서도 최악의 경우 서로에게 피해를 최소화하는 돈 문제의 해결방법은,

공사대금을 10회 이상 나누어 지급하는 것이 현명합니다. 주택 공사는 기초-골조-창-내장-외장-지붕의 순서로 이루어집니다. 구조의 종류

나 일정에 따라 후반부공사의 순서가 바뀔 수도 있고, 내외장 공사나 지붕공사가 동시에 이루어질 수도 있지만, 기초공사 후에 골조공사를 하는 것은 불변입니다. 그래서 공정별로 지급하는 것입니다. 계약서 작성 시에는 기초공사비용만 계약금으로 지급하고 나머지 회차는 공정별로 나누어 지급하면 됩니다. 또한 모든 공사비는 인건비와 자재비가 절대적으로 높은 비율을 차지합니다. 관리비나 이윤, 경비 등의 항목도 있지만 총 공사비에서 차지하는 비율은 그리 높지 않습니다. 그러니 시공회사와 협의해서 계약금은 기초 공정의 공사비 5%만 계약금으로 지급하고 나머지는 공사를 완료하면 그에 맞춰 일한 만큼 지급하도록 하는 것이 현명한 방법입니다. 예를 들어, 계약을 할 시공회사가 제출한 견적서에 기초공사의 금액을 3000만 원으로 적었다고 가정한다면 계약금은 기초공정의 자재비에 해당하는 1500만 원만 지급하고 기초공사가 끝나면 인건비 1500만 원을 지급하는 것입니다. 기초공사에 대한 총 금액 중 50%를 먼저 지급해서 자재를 사게 하고 공사가 끝나면 인건비 50%를 지급하는 방법입니다. 시공회사도 작업자들이 일을 마친 후에 인건비를 지급하기 때문에 순조롭게 공사를 진행하는 데 아무 문제가 없습니다. 솔직히 업계에서 오래도록 일한 시공회사들은 건축주에게 10원도 받지 않아도 집을 완공하는 것이 어려운 일이 아닙니다. 다만, 시공사도 건축주를 100% 신뢰하지 않고 원활하게 공사를 진행하기 위해 가급적 미리 결제를 많이 받으려 하는 경향이 강할 뿐입니다. 나머지 공정도 마찬가지로 각 공정별로 인건비와 자재비를 5:5로 시기를 정해 나누어 지급하도록 하시면 서로 불편함이 없습니다. 만약, 공사 순서를 잘 모르시거나 공정이 복잡해 시공회사와 지급 시기를 판단하기가 어렵다면, 계약서에 명기된 총 공사 기간을 기준으로 1/n로 나누어서 10회 혹은 그 이상으로 날짜에 맞추어 지급하셔도 됩니다. 총 공사기간을 100일로 가정하고 10일에 한 번씩 10%를 결제해 주거나, 5일에 한 번씩 5%를 결제하는 방법입니다. 다만 이럴 경우에는 정당한 사유 없이는 공사가 계속 이루어져야 지급한다는 단서 조항이 필요합니다. 시공회사가 현장에서 마땅히 해야 할 일은 하지 않으면서 10일이 지났으니 돈을 달라거나, 5일이 지났으니 돈을 달라고 하는 것을 미연에 방지해야 하기 때문입니다. 이를 위해서는 콘크리트 타설 후 양생을 며칠을 할 것인지, 명절 연휴를 며칠을 쉴 것인지 등을 미리 협의해서 정하고 공사를 시작하는 방법도 있으나 상황에 맞게 시공회사와 상식적인 선에서 협의해서 결정하시면 됩니다. 이러한 결제방식에서 예외적인 주택이 있는데 한옥 등의 중목구조 주택은 미리 모든 나무를 구입해서 가공을 하여야 하므로 많은 금액의 계약금이 지급되는 것이 보통입니다. 창호나 현관문 등 일부 자재의 경우에도 제작기간이나 수입기간 등의 여러 이유로 최소한의 기간이 소요되기 때문에 기초공사를 시작하기도 전에 창호에 대한 대금결제를 요구할 수도 있습니다. 이런 경우는 상황에 맞게 유연하게 대처하시면 됩니다. 유연한 사고의 핵심사항은 상식적인 판단으로 이해가 되느냐입니다. 시공회사에서 어려운 용어로 설명하여도 중목구조는 나무를 미리 사야 가공이 하고, 콘크리트는 양생시간이 필요하고, 맞춤창호는 제작기간이 필요한 것은 상식입니다. 사람의 손으로 집을 짓는 일이다 보니 상식의 범위에서 이해가 되신다면 때에 따라서는 결제에 대해 유연하게 대처하시는 것도 필요합니다.

제가 강연할 때도 위의 설명처럼 10회 이상의 분할지급에 대해 설명드리면 꼭 이렇게 물어보시는 분들이 계십니다. "누구나 알고 있는 대중적인 방법은 아닌 것 같은데 시공회사가 수락하지 않으면 어떻게 하나요?" 맞는 말씀입니다. 보편적인 방식은 아닙니다. 그러나 5%의 계약금을 사기(?) 당한 것과 30%~40%의 계약금을 사기 당한 것을 비교해 보시면 결과는 완전히 달라집니다. 5%도 큰돈임에는 틀림없지만 총 공사비용을 생각하면 건축이 불가능한 수준의 손해는 아닙니다. 때문에 아쉽지만 자재를 소폭 변경하는 것만으로 소망하던 집도 지을 수 있고 마음은 편치 않겠지만 평소와 다름 없는 일상생활도 가능합니다. 그러나 30%~40%의 손해를 보았다면 상황은 달라집니다. 집 짓기는 거의 불가능하고 경찰서, 변호사, 지인, 건축전문가 등을 만나러 다니느라 평범한 일상생활도 가지기 힘들게 되며, 때에 따라서는 가족간의 불화가 시작되는 원인이 되기도 합니다. 그리고 이러한 지급방식이 건축주에게만 유리하고 시공회사에는 불리한 조항이 아닙니다. 대단지 아파트 같은 대형프로젝트를 하는 종합 건설회사가 아니라 건축주에게 돈을 받아 집을 지어 주는 작은 시공회사는 사실 망할 일이 별로 없습니다. '기성별 지급'이라고 해서 미리 받은 돈으로 일을 하기 때문에 리스크가 그리 큰 일이 아닙니다. 작은 시공회사가 어려움에 처하는 이유는 아이러니하게도 건축주 때문인 경우가 가장 많습니다. 작은 회사라 하더라도 여러 개의 현장에서 동시에 일을 하는 것이 보통인데 여러 현장의 건축주 중 약속을 잘 지키던 어느 한 분이 차일피일 대금 지급을 미루며, 공사대금은 꼭 지불할 테니 공사를 진행해 달라고 부탁하는 경우에 결국 시공자는 다른 현장의 공사비로 공사를 속행하게 되고, 공사가 상당 부분 진행되었음에도 공사비를 받지 못한다면 다른 현장까지도 연쇄적으로 그 영향이 미치게 되어 결국 모든 현장이 어려움을 겪게 되는 것입니다. 시공자도 건축주가 대금지급 약속을 어길 시에는 즉시 공사를 중단하고 건축주에게 공사비 지급을 요청한다면 시공사의 손해도 최소화할 수 있으며 타 현장의 공사비를 전용하지 않아도 됩니다. 이렇게 조금씩 여러 차례로 나누어서 공사비를 지급하는 것은 건축주와 시공자 모두 리스크를 줄이는 바람직한 일이지 어느 한쪽 일방이 손해 보는 행위가 아닙니다. 또 이러한 대금지급조건을 받아들이지 못한다는 시공회사가 있다고 해서 건축주가 건축을 포기해야 하는 것도 아닙니다. 계약서에 도장을 찍기 전에는 건축주가 갑입니다. 돈을 안 준다는 것도 아니고 차일피일 미루겠다는 것도 아니기 때문에 제 날짜에만 지급된다면 자주 지급한다고 해서 문제될 것이 없습니다.

다. 계약서 문구

세세하게 본다면 계약서의 내용도 양식의 형태도 회사별로 같은 것이 없습니다. 문제는 평상시에는 잘 쓰지 않는 딱딱한 단어들과 보이지도 않는 작은 글씨로 채워져 있는 여러 장의 종이뭉치(계약서)를 한자, 한 자 그 속뜻을 생각하며 검토한 후에 도장을 찍는 분들이 잘 없다는 것입니다. 통상 시공회사에서 기본계약서를 만들어 건축주에게 제출한 후 검토를 요청하는 것이 가장 흔하게 사용되는 방식이지만, 건축주가 직접 계약서를 만들어도 상관없습니다. 계약서내용에는 공사명, 현장주소, 면적, 구조방식, 공사기간, 공사금액, 대금지급기일 등의 기본적인 사항 외에 상호 협의하에 자유로이 내용을 추가, 삭제하거나 수정할 수 있습니다. 계약서의 내용 중 눈여겨보실 부분은 갑, 을의 계약해지 부분과 권리, 의무의 양도 부분으로 구체적 사유와 금액 혹은 %를 적어 두어서 분쟁의 여지를 최소화하고 추후 분쟁 발생 시에는 시공업체를 바꿀 수 있는 토대를 마련해 두는 것이 중요합니다. 원만하게 대화로 문제를 해결할 수 있다면 좋겠지만, 세상일이 계획한 대로만 흘러 가는 것이 아니라 대비를 하는 것이 중요합니다. 위에 전문사기꾼을 얘기하며 건축주가 지인의 소개로 새로운 시공회사를 데려와 공사를 했다는 얘기도 지금은 거의 불가능한 얘기입니다. 기존 시공사의 건축포기각서가 없으면 중단된 남의 현장에 들어가려는 시공회사는 없습니다. 기존 회사의 포기각서가 없다면 송사에 휘말릴 수도 있고, 최소한 참고인 조사를 받으러 여러 차례 경찰서에 불려 다녀야 한다는 걸 충분히 예상하기 때문에 중단된 현장의 일은 하려 하지 않습니다. 경찰 조사뿐 아니라 앞서 시공한 공정들이 잘 되어 있는지에 대한 불안감도 있고, 앞 공정의 상황에 따라서는 기존에 작업해 놓은 것을 부수고 다시 해야 할 수도 있습니다. 그리하면 견적 금액도 신축보다 비용이 높아져 건축주에게 장황한 설명과 설득의 시간이 필요하게 될 수도 있으며, 자칫 하자 부분에서 자신이 하지도 않은 일에 대해 덤터기를 쓸 수도 있기 때문에 머리 아픈 일은 피해 가려 합니다. 이렇게 시공사를 바꾸는 일도 어렵지만 기존 시공사의 공사포기각서가 없다면 거의 불가능한 일이라 반드시 대비가 필요합니다. 대응책을 알려 드리자면 사인하시려는 계약서를 누가, 어떤 양식으로 작성을 하더라도 아래의 문장을 꼭 적용하시기 바랍니다.

〈갑의 서면동의 없이 15일 이상 공사가 중단되거나, 공사관계자와 연락이 되지 않을 때 이 문구를 근거로 을은 갑에게 공사포기각서를 제출

한 것으로 간주한다. 이럴 경우 갑은 을과의 공사비 정산과는 상관없이 즉시 새로운 시공회사를 선정해서 공사를 할 수 있으며 을은 이의를 제기하지 않는다.〉

　제가 실제로 사용하는 문구입니다. 법률적인 효과를 떠나 문구의 취지와 시공회사에게 어떠한 의미를 전달하기 위해 작성하는가를 충분히 이해하셨을 거라 생각합니다. 다만, '서면동의' 부분과 '15일'에 대해서는 추가 설명이 필요합니다. 서면동의라 함은 메모지나 A4용지 등에 내용을 적어 날인을 하는 방식을 의미하지만, 그 당시의 여건에 맞게 SNS로 대처해도 괜찮다고 생각합니다. 주위에 필기구가 없을 수도 있고 얼굴을 보기 어려울 수도 있으니 문자 메시지나 카카오톡 등 상호 협의 후 기록이 남는 여러 방법으로 활용하시는 게 더 좋은 방법일 수 있습니다. 문구의 15일도 시공회사와 협의해서 상황에 맞게 수정하셔도 됩니다. 15일은 제가 임의로 설정한 기간입니다. 원래는 10일이었으나 지난 2017년 길었던 추석연휴로 인하여 15일로 수정하여 계약서를 작성하고 있습니다. 제가 초안을 잡은 계약서라 하더라도 저 문장만큼은 강조하기 위해서 수기로 작성합니다. 상식적으로 시공회사 입장에서는 공사기간을 줄여야만 이익이 증가합니다. 기간이 줄어든 만큼 인건비, 관리비 등이 줄어들기 때문에 당연히 그러합니다. 그럼에도 건축주에게 상세하게 상황을 설명하고 공사를 잠시 중단한다는 것은 시공회사 입장에서도 어쩔 수 없는 선택인 것이지 자의적으로 손해를 감수해 가며 공사를 중단할 리는 없습니다. 알려 드린 문구를 계약서에 기입하시고 공사대금 지급을 10회 이상으로 하신다면 최소한 어설픈 사기꾼 시공자는 피하실 수 있습니다.

책을 마치며

건축주가 준비하는 것에 따라 설계자와 시공자뿐 아니라 예산과 만족도까지 그 여파가 미친다는 것을 알려 드리고 싶었습니다. 어렵게 생각하면 한없이 어렵고 쉽게 생각하면 한없이 쉬운 것이 집 짓기라 생각합니다. 어려운 법률이나 공학적인 부분은 전문가에게 맡기시고 Sweet home을 준비하는 행복한 시간이 되는 데 이 책이 도움이 되었으면 합니다.

집은 이렇게
짓는 겁니다

ⓒ 윤방원, 2021

초판 1쇄 발행 2021년 9월 23일

지은이   윤방원
펴낸이   이기봉
편집   좋은땅 편집팀
펴낸곳   도서출판 좋은땅
주소   서울 마포구 성지길 25 보광빌딩 2층
전화   02)374-8616~7
팩스   02)374-8614
이메일   gworldbook@naver.com
홈페이지   www.g-world.co.kr

ISBN   979-11-388-0202-4 (13590)